U0251833

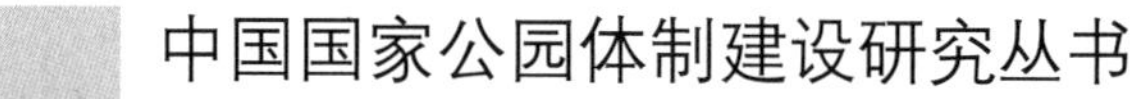

中国国家公园体制建设研究丛书

Research Series on Development of China's National Park System

Research on Aligning China's National Park System with Socio-economic Development

中国国家公园建设与社会经济协调发展研究

温亚利　侯一蕾　马　奔 —— 等编著

中国环境出版集团・北京

图书在版编目（CIP）数据

中国国家公园建设与社会经济协调发展研究/温亚利等编著. —北京：中国环境出版集团，2019.1

（中国国家公园体制建设研究丛书）

ISBN 978-7-5111-3865-1

Ⅰ. ①中… Ⅱ. ①温… Ⅲ. ①国家公园—建设—关系—区域经济发展—研究—中国 Ⅳ. ①S759.992②F127

中国版本图书馆 CIP 数据核字（2018）第 298137 号

出 版 人　武德凯
策划编辑　黄晓燕
责任编辑　李兰兰
责任校对　任　丽
封面制作　宋　瑞

更多信息，请关注
中国环境出版集团
第一分社

出版发行　中国环境出版集团
（100062　北京市东城区广渠门内大街 16 号）
网　　址：http://www.cesp.com.cn
电子邮箱：bjgl@cesp.com.cn
联系电话：010-67112765（编辑管理部）
010-67112735（第一分社）
发行热线：010-67125803，010-67113405（传真）

印　　刷　北京中科印刷有限公司
经　　销　各地新华书店
版　　次　2019 年 1 月第 1 版
印　　次　2019 年 1 月第 1 次印刷
开　　本　787×1092　1/16
印　　张　6.75
字　　数　128 千字
定　　价　31.00 元

中国国家公园体制建设研究丛书

编 委 会

踏上国家公园体制改革新征程

自 1872 年世界上第一个国家公园诞生以来，由于较好地处理了自然资源科学保护与合理利用之间的关系，国家公园逐渐成为国际社会普遍认同的自然生态保护模式，并被世界大部分国家和地区采用。目前已有 100 多个国家建立了近万个国家公园，并在保护本国自然生态系统和自然遗产中发挥着积极作用。2013 年 11 月，党的十八届三中全会首次提出建立国家公园体制，并将其列入全面深化改革的重点任务，标志着中国特色国家公园体制建设正式起步。

4 年多来，国家发展和改革委员会会同相关部门，稳步推进改革试点各项工作，并取得了阶段性成效。特别是 2017 年，国家发展和改革委员会会同相关部门研究制定并报请中共中央办公厅、国务院办公厅印发《建立国家公园体制总体方案》（以下简称《总体方案》），从成立国家公园管理机构、提出国家公园设立标准、编制全国国家公园总体发展规划、制定自然保护地体系分类标准、研究国家公园事权划分办法、制定国家公园法等方面提出了下一步国家公园体制改革的制度框架。

回顾过去 4 年多的改革历程，我国国家公园体制建设具有以下几个特点。

一是对现有自然保护地体制的改革。建立国家公园体制是对现有自然保护地体制的优化，不是推倒重来，也不是另起炉灶，更不是对中华人民共和国成立以来我国自然生态系统和自然文化遗产保护成就的否定，而是根据新的形势需要，对保护管理的体制机制进行探索创新，对自然保护地体系的分类设置进行改革完善，探索一条符合中国国情的保护地发展道路，这是一项“先立后破”的改革，有利于保护事业的发展，更符合全体中国人民的公共利益。

二是坚持问题导向的改革。中华人民共和国成立以来，特别是改革开放以来，我国的自然生态系统和自然遗产保护事业快速发展，取得了显著成绩，建立了自然保护区、风景名胜区、自然文化遗产、森林公园、地质公园等多种类型保护地。但自然保护地主要按照资源要素类型设立，缺乏顶层设计，同一类保护地分属不同部门管理，同一个保护地多头管理、碎片化现象严重，社会公益属性和中央地方管理职责不够明确，土地及相关资源产权不清晰，保护管理效能低下，盲目建设和过度利用现象时有发生，违规采矿开矿、无序开发水电等屡禁不止，严重威胁我国生态安全。通过建立国家公园体制，推动我国自然保护地管理体制改革，加强重要自然生态系统原真性、完整性保护，实现国家所有、全民共享、世代传承的目标，十分必要也十分迫切。

三是基于自然资源资产所有权的改革。明确国家公园必须由国家批准设立并主导管理，并强调国家所有，这就要求国家公园以全民所有的土地为主体。在制定国家公园准入条件时，也特别强调确保全民所有的自然资源资产占主体地位，这才能保证下一步管理体制调整的可行性。原则上，国家公园由中央政府直接行使所有权，由省级政府代理行使的，待条件成熟时，也要逐步过渡到由中央政府直接行使。

四是落实国土空间开发保护制度的改革。党的十八届三中全会《中共中央关于全面深化改革若干重大问题的决定》中关于建立国家公园体制的完整表述是“坚定不移实施主体功能区制度，建立国土空间开发保护制度，严格按照主体功能区定位推动发展，建立国家公园体制”。建立国家公园体制并非在已有的自然保护地体系上叠床架屋，而是要以国家公园为主体、为代表、为龙头去推动保护地体系改革，从而建立完善的国土空间开发保护制度，推动主体功能区定位落地实施，使得禁止开发区域能够真正做到禁止大规模工业化、城镇化开发建设，还自然以宁静、和谐、美丽，为建设富强、民主、文明、和谐、美丽的现代化强国贡献力量。

2015 年以来，国家发展和改革委员会会同相关部门和地方在青海、吉林、黑龙江、四川、陕西、甘肃等地开展三江源、东北虎豹、大熊猫、祁连山等 10 个国家公园体制试点，在突出生态保护、统一规范管理、明晰资源权属、创新经营管理、促进社区发展等方面取得了一定经验。同时，我们也要看到，建立统一、规范、高效的中国特色国家公园体制绝不是敲锣打鼓就可以实现的，不可能一蹴而就，必须通过不断深化研究、总结试点经验来逐步优化完善，在统一规范管理、建立财政保障、明确产权归属、完善法律制度等管理体制上取得实质性突破，在标准规范、规划管理、特许经营、社区发展、人才保障、公众参与、监督管理、交流合作等运行机制上进行大胆创新，把中国国家公园体制的“四梁八柱”建立起来，补齐制度“短板”。

为此，国家发展和改革委员会会同保尔森基金会和河仁慈善基金会组织清华大学、北京大学、中国人民大学、武汉大学等著名高校以及中国科学院、中国国土资源经济研究院等科研院所的一批知名专家，针对国家公园治理体系、国家公园立法、国家公园自然资源管理体制、国家公园规划、国家公园空间布局、国家公园生态系统和自然文化遗产保护、国家公园事权划分和资金机制、国家公园特许经营以及自然保护管理体制改革方向和路径等课题开展了认真研究。在担任建立国家公园体制试点专家组组长的时候，我认识了其中很多的学者，他们在国家公园相关领域渊博的学识，特别是对自然生态保护的热爱以及对我国生态文明建设的责任感，让我十分钦佩和感动。

此次组织出版的系列丛书也正是上述课题研究的重要成果。这些研究成果，为我们制定总体方案、推进国家公园体制改革提供了重要支撑。当然，这些研究成果的作用还远未充分发挥，有待进一步实现政策转化。

我衷心祝愿在上述成果的支撑和引导下，我国国家公园体制改革将会拥有更加美好的未来，也衷心希望我们所有人秉持对自然和历史的敬畏，合力推进国家公园体制建设，保护和利用好大自然留给我们的宝贵遗产，并完好无损地留给我们的子孙后代！

朱之鑫

原中央财经领导小组办公室主任

国家发展和改革委员会原副主任

序 言

经过近半个世纪的快速发展，中国一跃成为全球第二大经济体。但是，这一举世瞩目的成就也付出了高昂的资源和环境代价：野生动植物栖息地破碎化、生物多样性锐减、生态系统服务和功能退化、环境污染严重。经济发展的资源环境约束不断趋紧，制约着中国经济社会的可持续发展。如何有效地保护好中国最具代表性和最重要的生态系统与生物多样性，为中华民族的子孙后代留下这些宝贵的自然遗产成为亟须应对的严峻挑战。引入国际上广为接受并证明行之有效的国家公园理念，改革整合约占中国国土面积20%的各类自然保护地，在统一、规范和高效的原则指导下构建以国家公园为主体的自然保护地体系是中共十八届三中全会提出的应对这一挑战的重要决定。

国家公园是人类社会保护珍贵的自然和文化遗产的智慧方式之一。自 1872 年全球第一个国家公园在壮美蛮荒的美国黄石地区建立以来，在面临平衡资源保护与可持续利用的百般考验和千般淬炼中，国家公园脱颖而出，成为全球最具知名度、影响力和吸引力的自然保护地模式。据不完全统计，五大洲现有国家公园 10000 多处，构成了全球自然保护地体系最具生命力的一道亮丽风景线，是地球母亲亿万年的杰作——丰富的生物多样性和生态系统以及壮美的地质和天文景观——的庇护所和展示窗口。

因为较好地平衡了保护和利用的关系，国家公园巧妙地实现了自然和文化遗产的代际传承。经过一个多世纪的洗礼，国家公园的理念不断演变，内涵日渐丰富，从早期专注自然生态保护到后期兼顾自然与文化遗产保护，到现在演变成兼具资源保护和为人类提供体验自然和陶冶身心等多重功能。同时，国家公园还成为激发爱国热情、培养民族自豪感的最佳场所。国家公园理念在各国的资源保护与管理实践中得以不断扩展、凝练和升华。

中国国家公园体制建设既需要与国际接轨，又应符合中国国情。2015 年，在国家公园体制建设工作启动伊始，保尔森基金会与国家发展和改革委员会就国家公园体制建设签订了合作框架协议，旨在通过中美双方合作开展各类研究与交流活动，科学、有序、高效地推进中国的国家公园体制建设，提升和完善中国的自然保护地体系，实现自然生态系统和文化遗产的有效保护和合理利用。在过去约 3 年的时间里，在河仁慈善基金会的慷慨资助下，双方共同委托国内外知名专家和研究团队，就中国国家公园体制建设顶层设计涉及的十几个重要领域开展了系统、深入的研究，包括国际案例、建设指南、空间规划、治理体系、立法、规划编制、自然资源管理体制、财政事权划分与资金机制、特许经营机制、自然保护管理体制改革方向和路径研究等，为中国国家公园体制建设奠定了良好的基础。

来自美国环球公园协会、国务院发展研究中心、清华大学、北京大学、同济大学、中国科学院生态环境研究中心、西南大学等 14 家研究机构和单位的百余名学者和研究人员完成了 16 个研究项目。现将这些研究报告集结成书，以飨众多关心和关注中国国家公园体制建设的读者，并希望对中国国家公园体制建设的各级决策者、基层实践者和其他参与者有所帮助。

作为世界上最大的两个经济体，中美两国共同肩负着保护人类家园——地球的神圣使命。美国在过去 140 年里积累的经验和教训可以为中国国家公园体制建设提供借鉴。我们衷心希望中美在国家公园建设和管理方面的交流与合作有助于增进两国政府间的互信和人民之间的友谊。

借此机会，我们对所有合作伙伴和参与研究项目的专家们致以诚挚的感谢！特别要感谢国家发展和改革委员会原副主任朱之鑫先生和保尔森基金会主席保尔森先生对合作项目的大力支持和指导，感谢河仁慈善基金会曹德旺先生的慷慨资助和曹德淦理事长对项目的悉心指导。我们期待着继续携手中美合作伙伴为中国的国家公园体制建设添砖加瓦，使国家公园成为展示美丽中国的最佳窗口。

彭福伟
国家发展和改革委员会
社会发展司副司长

牛红卫
保尔森基金会
环保总监

作者序

党的十八大报告首次把生态文明建设纳入中国特色社会主义“五位一体”的总体布局。建立自然保护地体系是践行生态文明建设的重要举措。根据我国自然保护地发展的需要，党的十八届三中全会明确提出在原有自然保护区为主体的保护地体系的基础上，试点推进国家公园体制建设。

随着《建立国家公园体制试点方案》和《建立国家公园体制总体方案》的陆续出台，我国国家公园试点不断建立并取得初步成效。党的十九大报告进一步明确提出“加快生态文明体制改革，建设美丽中国”和“建立以国家公园为主体的自然保护地体系”，为我国生态保护工作提出了新的发展战略目标和制度要求，将我国国家公园体系建设和相关制度的研究推上了新的高度。

国家公园与社区地域空间接壤和（部分）重叠、资源相互交错、利益共存，形成了相互影响的自然生态与社会经济复合系统，二者的协调和统一不仅关系到生物多样性保护，也关系到社区和当地社会经济的可持续发展。如果将自然保护区域的辐射范围扩展到保护区域外围的周边地区，保护面积会进一步扩大，保护管理涉及的社会经济因素也会更加复杂。事实上，自然保护区域周边受生态保护政策的影响确实很大。

我国正处于经济社会快速发展和变革时期，农村经济发展模式转变、城镇化进程加快等会进一步使生物多样性保护与社区发展之间的利益关系复杂化。保护与发展的矛盾焦点是自然资源的保护与利用，核心是协调保护与发展的利益关系。

中国特色社会主义建设进入新时代，保护与发展的矛盾已经发生了转移，当地社区对自然保护地的压力在不断减弱，而社会经济发展过程中商业性的资源开发和利用对保护的压力在不断增强。在此发展阶段，应该用区域经济视角思考如何进行资源保护，才能更好地符合自然社会的发展规律，满足生态保护的要求。保护与发展的协调政策也应该由微观协调转向宏观协调，从周边社区视角转向更大的区域视角。

本书共分为7章,先是梳理了国家公园保护与发展领域的相关法律制度和国外建设经验,然后从宏观和微观的视角分析了当前自然生态保护和区域发展以及保护和社区发展的关系，提出了国家公园建设带来的新的问题与挑战，最后在理论探讨与实证分析国家公园资源利用与保护模式的基础上，从制度、政策和法律保障上提出了国家公园与社会经济协调发展的建议。

全书由温亚利、侯一蕾、马奔等编著完成。雷硕和黄元负责整理和统稿。段伟、吴静、秦青、冯骥等也参与了本书的撰写并提出了修改建议。郑杰、李想、任婕、甘慧敏和张茹馨参与了本书的排版和校对工作。本书由国家发展和改革委员会社会发展司委托的研究项目“国家公园建设与社会经济协调发展研究”和国家自然基金项目“保护与发展：社区视角下协调机制研究”共同资助完成。

由于编者水平有限，书中有不足之处在所难免，敬请广大读者批评指正。

温亚利

北京林业大学

目 录

第1章　绪　论

1.1　研究背景

自 1956 年我国第一个自然保护区——鼎湖山国家级自然保护区建立以来，特别是经过改革开放近 40 年的快速发展，我国已建立起由自然保护区、森林公园、湿地公园、地质公园、荒漠公园及自然遗产地等构成的自然保护地体系。各类自然保护地已逾 12000 个，覆盖陆域面积约 18%，为我国自然保护奠定了坚实的基础（唐小平和栾晓峰，2017）。各种保护管理形式的保护地在相关立法、管理体制及管理制度建设、保护投入及资源可持续利用等方面均进行了不断探索，形成了具有中国特色的自然保护管理体系。在我国自然保护地体系发展过程中，各种深层次问题也不断显露，包括法律体系建设的滞后及不协调、分部门管理的冲突及低效、资源管理的僵化落后及缺乏创新、区域和社区层面与保护地管理机构在资源及生态环境保护与利用方面的冲突积累难以消解、保护资金投入不足及缺乏合理的保护利益分配机制等，这些问题在改革发展中不能回避。在新形势下，如何缓解和解决这些问题是我们面临的新挑战和必须完成的任务。

党的十八大以来，国家对生态保护高度重视，把生态文明纳入“五位一体”的国家发展战略，同时也明确提出了开展国家公园体系建设改革，为进一步完善现有自然保护地管理体系，解决长期困扰保护地的管理问题，如资源保护与利用的冲突、公共投入与市场机制相融合等问题提供了战略机遇。“建立国家公园体制”是《中共中央关于全面深化改革若干重大问题的决定》中确定的工作任务之一，中央深化改革领导小组已经批复国家发展和改革委员会拟定的《建立国家公园体制试点方案》，我国 10 个国家公园试点于 2015—2017 年在全国 13 个省份相继开展，我国国家公园体系建设进入实质实施阶段。国家公园体系的建设，不仅可以有效解决保护与发展之间的矛盾冲突，也为理顺现有自然保护地体系的管理体制、完善保护地立法、创新保护地管护模式提供了良好契机。

国家公园是国际上保护自然生态环境、满足人们对自然遗产价值需求的主要形式。1872年，世界上第一个国家公园——美国黄石国家公园建立，经过100多年的发展，世界各国已建立了不同的国家公园模式，其核心原则是以保护为基础，通过生态旅游等形式为公民提供生态系统服务以及参与保护的途径，实现自然保护提升人类福祉的最终目标。根据世界自然保护联盟（IUCN）的定义，国家公园是指以大面积自然或近自然区域为对象，用以保护大尺度生态过程以及这一区域的物种和生态系统特征，同时提供与其环境和文化相容的精神的、科学的、教育的、休闲的和游憩的机会。从全球角度看，国家公园的发展可分为两大类型：一是以发达国家为代表的国家公园体系，其特点是资源权属明晰、公民保护意识较高、中央政府及地方政府治理能力较强、相关法律体系完善、国家公园保护管理技术能力较强、管理较为系统和规范；二是以大量发展中国家为代表的国家公园体系，其特点是法制化相对滞后、规划及区划缺乏科学性、国家公园建立与区域和社区发展矛盾冲突突出、管理能力相对较弱。

纵观世界国家公园体系建设发展历程，不难发现，在众多问题中，如何解决自然保护与当地社会经济发展之间的矛盾最为关键。该问题不仅关系到国家公园体系建立中各利益相关者关系的协调，也直接决定了国家公园的治理结构和管理模式，关系到国家公园能否可持续地从保护及发展两个角度实现其建设目标。保护与发展相冲突的问题在发展中国家尤为突出。由于地方经济发展及社区生计对自然资源的高度依赖，国家公园建设势必会造成保护与区域发展的矛盾，如何解决这些问题是近20年国际学术界研究的热点领域，也是相关国家政府努力解决的重点问题。

我国是一个经济社会与自然保护均快速变革和发展的国家，保护与发展的矛盾也是长期制约我国保护管理水平提升的关键问题之一。我国大部分重要自然保护地均分布于“老少边穷”地区，自然保护不仅限制了区域及社区自然资源的消耗性利用，也在一定程度上影响了区域基础设施建设和其他发展机会。为解决该问题，我国政府及保护管理部门进行了不断的努力和探索，从早期孤立式保护，忽视区域及社区发展的需求及权利导致矛盾和冲突加剧，到后来从可持续发展的角度，尝试区域协调发展以及保护区社区共管等。我国的保护地发展实践也证明，保护的目标是实现可持续发展，只有解决好发展与保护的关系问题才能从根本上保护好自然生态环境。

1.2 研究目的与意义

1.2.1 研究目的

在国家公园试点阶段，选择在建的国家公园试点区域，在系统总结国外相关国家国家公园发展建设经验的基础上，客观梳理和总结我国自然保护地建设中有关协调保护与区域发展的经验教训以及成功模式，结合我国国家公园体系建设目标及试点工作安排，从区域和社区层面分析新形势下保护与发展面临的新问题，提出国家公园建设资源利用和保护模式，进而为我国国家公园体系建设提供科学依据。具体研究目标体现在以下几点：

第一，系统研究和总结我国自然保护地体系建设发展中协调保护与区域发展关系的经验教训。主要以国家公园试点区范围内的自然保护区、森林公园和湿地公园为对象，对我国现有保护地保护管理中可有效解决保护与发展矛盾、促进保护与区域协调发展的政策模式及创新机制进行梳理、研究和总结，特别是社区层面的协调发展模式、机制和相关政策。

第二，促进社区参与及相应的管理模式的选择和制度设计。我国自然保护地建设与社区的矛盾冲突一直是困扰保护管理工作的难点问题。随着城镇化进程、劳动力外移、“三农”政策的不断完善，特别是保护单位在社区参与及利益共享方面的不断努力，社区人口增长放缓，其对自然资源的依赖程度有所减缓，在微观社区层面，保护与发展的矛盾得到一定程度的缓解。但由于土地等资源权属及权益不对应、保护对发展的影响没有得到合理补偿、保护与发展政策冲突及机制不协调等深层次问题没有得到有效解决，保护与发展的矛盾仍然存在，特别是区域发展政策传导到社区层面时会“放大”影响程度，对保护产生新影响。为此，在社区覆盖范围更广的国家公园建设中，如何解决好社区发展、农户生计与保护的关系至关重要，这也是国家公园当前试点及今后建设必须高度重视的问题。本书的目的之一就是对研究区域内现有的社区参与保护形式（如不同形式的社区共管）进行客观的研究和总结，并根据试点公园及国家公园体系建设的目标、原则和可选的管理模式，研究提出特许经营、劳务参与、旅游服务、绿色经济发展等社区协调发展模式，进而从管理制度体系角度确定如何对选择的社区协调发展模式进行制度化规范，为国家公园体系建设相关立法、政策及制度设计提供科学参考依据。

第三，研究提供一套区域及社区层面的社会经济发展与国家公园保护协调发展的可选模式及政策建议，为我国国家公园体系建设提供支撑。

1.2.2 研究意义

目前，我国推进国家公园体制建设，一个重要目标就是把自然保护与资源可持续利用结合起来，克服绝对保护带来的高度紧绷的冲突和对立。国家公园旨在保护生态系统的完整性、资源的自然性和原生性，导致国家公园建设会不可避免地牵扯更多的地方及社区发展利益。为此，在试点国家公园进行管理体制和发展模式尝试阶段，研究探索国家公园建设与区域经济社会协调发展模式具有重要的现实意义，是我国国家公园体制建设中必须解决好的关键问题，这也是本书的研究初衷及意义所在。

1.3 研究内容

建设国家公园体制的新战略对保护国家生态安全，提升生态文明建设质量，满足社会经济发展对生态文明的需求均具有重大意义。国家公园建设和周边社会经济系统高度相关，通过能量、资源和其他生态因子相互交换和作用形成一个社会经济复合系统，并在生态环境和自然资源的生产和利用中不断演进和发展。为此，本书以大熊猫国家公园试点区为研究区域，共调查了周边 10 个区县 1000 户左右的农户，收集了国家公园区域内各区县近 5 年（2010—2015 年）的社会经济发展统计年鉴，并对保护部门、开发商和当地政府等利益相关者进行了开放性问卷访谈。基于以上工作，本书研究内容如下：

（1）国内外国家公园与区域社会经济协调发展现状及经验借鉴

国家公园现已成为国际上保护自然生态系统和促进生态旅游的一种重要形式。继 1872 年美国黄石国家公园建立后，美国国家公园发展史上一个重要的里程碑是 1916 年通过的关于成立国家公园管理局的法案，意味着国家公园的管理纳入了制度化轨道。随后，加拿大、英国、日本、澳大利亚及一些发展中国家参照美国国家公园管理体制及发展模式，形成了各自的国家公园管理体制及发展模式。这对我国国家公园管理体制的构建、优化和发展模式选择具有重要的借鉴价值。在系统梳理国内外相关文献和查阅网络信息的基础上，应用逻辑推演和比较分析等研究方法，对国际国家公园典型发展模式对区域社会经济的影响进行了归纳和总结，以期为我国国家公园体系促进地方社会经济发展提供参考经验和借鉴。

（2）地方发展与国家公园建设之间的主要矛盾及解决途径

分析国家公园建设与地方经济社会发展的主要矛盾和冲突，如资源利用、基础设施建设、公园建设投入与利益分享、国家公园保护和区域资源与生态保护相关政策及其他地方发展政策与国家公园建设的相互影响，探讨如何通过法律、政策、市场等各种手段趋利避害、共同发展。

（3）社区协调发展模式及政策分析

分析不同的社区协调发展模式及应用效果，特别是基于资源共享的协调发展模式、社区在国家公园建设过程中的利益分享机制，以及其他社区发展所涉主要矛盾的解决方式等；了解管理体制是否涵盖了共管机制，兼顾了社区的参与权、决策权和利益分配权。通过对农户与国家公园管理者进行问卷调查，了解现有国家公园推行的社区政策、周边社区农户对国家公园的认知、保护态度、保护与开发参与程度、成本收益、满意度等，以社区的利益诉求为基础，探索社区土地入股、社区特许经营优先权等社区参与模式，以期从制度和政策层面建立合理、有效及长效的社区参与和发展机制。

（4）结合我国国情和保护与发展矛盾冲突的成因特点，提出可借鉴的政策及具体模式

政策保障体制是确保国家公园建设和区域社会经济协调发展的前提。本部分研究了构建完善的制度和优化的模式应配套的政策保障体系。一是立法，包括国家和地方层面的立法；二是相关制度，包括资源权属制度、机构设置和协调制度、规划审批制度、保护开发过程中的利益分配及补偿制度、社区参与制度、资源保护制度等。在调查研究的基础上，分别提出具体的制度建设内容和立法规范等主要核心内容，最终提出国家公园建设促进地方社会经济发展的措施与建议。

1.4　研究实施概况

1.4.1　调研区概况

本书的调研区域为大熊猫国家公园试点区所在县域及周边社区。《大熊猫国家公园体制试点方案》（2017）确定由川、陕、甘三省共同推进大熊猫国家公园试点工作。按

照保护大熊猫栖息地完整性和原真性的原则，大熊猫国家公园试点区总面积27134平方千米，四川境内面积20177平方千米，占总面积的70%以上，主要涉及绵阳、广元、成都、德阳、阿坝、雅安和眉山7个市州19个县，将全省70%以上的大熊猫栖息地和80%以上的野生大熊猫种群划进了园区。陕西境内面积为4386平方千米，野生大熊猫保护数量为298只，位于西安、宝鸡、汉中、安康4市8县19个乡镇，涉及12个自然保护区、2个森林公园、2个水利风景区及3个省属林业局、16个林场。甘肃境内面积2571平方千米，主要位于陇南市，涉及2个自然保护区和2个林场。

大熊猫国家公园规划范围涉及160个乡镇23.35万人。其中，四川省片区129个乡镇，人口17.22万人，占总人口的73.76%；陕西省片区19个乡镇，人口1.50万人，占总人口的6.44%；甘肃省片区12个乡镇，人口4.62万人，占总人口的19.80%。除汉族外，还有藏族（白马藏族、嘉绒藏族）、羌族、彝族、回族、蒙古族、土家族、侗族、瑶族等19个少数民族。地方经济产业结构较为单一，地方财政收入的来源以矿山开采、水力发电等资源消耗型产业为主。

大熊猫国家公园内现嵌套有多种类型的保护地，如自然保护区、风景名胜区、自然遗产地等。开展国家公园体制构建的重要目的之一就是整合现有的自然保护地体系，实行统一规划、统一保护、统一管理，有效解决现有自然保护地体系存在的多头管理、自然资源产权不清晰、权责不清等体制机制问题。由于大熊猫国家公园还处于试点阶段，边界还不清晰，本书的调查样本是大熊猫保护区周边社区，所调查的大熊猫保护区都位于大熊猫国家公园试点区域内，在总体规划中也大多位于核心区。

1.4.2　调研实施

在承担国家发展和改革委员会社会发展司委托的“国家公园建设与地方社会经济协调发展机制”的课题之前，课题组曾先后赴四川、陕西、湖北、云南、江西、辽宁、广东、福建等省的自然保护区开展过社区问卷调查和保护区座谈，收集了大量的一手资料和二手资料，展开了大量的实证和政策研究，对当前我国自然保护地的建设与现状具有较深刻的了解和认识。目前的国家公园体制试点建设涉及其中多个曾调研过的保护区，如陕西佛坪、周至、老县城、长青、太白山、牛尾河、黄柏塬国家级自然保护区，四川王朗、雪宝顶、龙溪虹口、蜂桶寨、卧龙、九寨沟国家级自然保护区，湖北神农架自然保护区等，以往针对这些保护地的丰富的调研数据为课题组推进国家公园体制建设研究打下了深厚的研究基础。

在承担课题后，课题组在整合已有研究的基础上，前往陕、川、甘三省对大熊猫国家公园试点区做进一步调研，走访调查了甘肃省林业厅、甘肃裕河、多尔自然保护区、白龙江林管局，四川省林业厅、四川王朗、九寨沟、小寨子沟、卧龙、唐家河、鞍子河自然保护区，陕西省周至、老县城、皇冠山、长青、太白、佛坪、黄柏塬、牛尾河自然保护区等，对即将纳入国家公园的自然保护区周边社区的利益诉求进行调研，深入了解国家公园建设与地方社会经济发展的矛盾和未来可能的解决途径。

1.4.3 调研数据

由于目前国家公园建设仍然处于试点阶段，调研聚焦于大熊猫国家公园试点区建设与社会经济协调发展这一核心研究主题。调查对象是国家公园范围内的自然保护区及周边社区。调研数据可分为一手数据和二手数据。一手数据来源于课题组入户调查数据。2015年7月至2017年11月，课题组陆续对大熊猫国家公园试点区内的大量社区农户进行了入户调查。二手数据来源于陕西、四川、甘肃大熊猫国家公园试点建设所涉区县近10年的县域统计年鉴、全国第三次及第四次大熊猫调查报告、被调查保护区的总体规划等。

调研区域包括典型自然保护区24个，涉及陕西、四川两省27个县的115个样本村。调查收回的有效农户调查问卷共计2783份（表1-1）。

表1-1 调研区域与样本数量

调研省	调研时间	调研保护区	调研村庄数量/个	农户调查样本量/个	有效样本量/个
陕西	2015年7月	太白山、周至、牛尾河、黄柏塬	8	160	120
	2015年9月	皇冠山、老县城、长青、周至、黄柏塬	12	300	280
	2016年8—11月	太白山、周至、皇冠山、黄柏塬、朱鹮、长青、老县城	24	600	565
	2017年8—11月	太白山、周至、皇冠山、黄柏塬、朱鹮、长青、老县城、平河梁	26	800	758
四川	2015年8月	卧龙、小寨子沟、唐家河、王朗、九寨沟、大相岭、栗子坪、贡嘎山、冶勒、美姑大风顶	20	605	527
	2015年10月	马边大风顶、龙溪虹口、嘛咪泽、蜂桶寨、雪宝顶	25	600	533
合计		24	115	3065	2783

第 2 章　国家公园保护与发展制度和法律梳理

2.1　国家层面法律政策保障

建设国家公园的目的是保护生态系统的原真性和完整性，必须坚持自然保护第一、严格保护、有限制地利用的根本理念。因此，应将建立国家公园体制的目标与国家生态文明制度建设全方位结合，尤其是要与主体功能区规划、生态保护红线制度紧密结合，选择自然价值和风景文化价值最高的区域，整合、组建或划建国家公园，采取严格的保护措施，确保其自然状态不受损害、自然与文化价值不降低。同时，借此时机，对其他所有的自然保护地类型进行科学梳理，该严格保护的要严格保护，需要恢复的区域得到恢复，需要其他方式干预的应进行合理的干预。对那些允许自然资源可持续利用的区域进行合理利用，从根本上解决保护与利用之间的矛盾，实现我国自然保护地的有效管理。

2013 年 11 月，党的十八届三中全会首次提出建立国家公园体制。2014 年 8 月，国务院就促进旅游业改革发展提出了若干意见，其中包括稳步推进建立国家公园体制，实现对国家自然和文化遗产地更有效的保护和利用。2015 年 5 月，《中共中央 国务院关于加快推进生态文明建设的意见》提出："建设国家公园体制，实行分级、统一管理，保护自然生态和自然文化遗产原真性、完整性"。国务院总理李克强在《政府工作报告》中指出，"要深化生态文明体制改革。完善主体功能区制度和生态补偿机制，建立资源环境监测预警机制，开展健全国家自然资源资产管理体制试点，出台国家公园体制总体方案，为生态文明建设提供有力的制度保障"。为保障国家公园体制的顺利建设，中共中央、国务院相继出台了一系列文件，从国家层面为国家公园的建设提供了法律保障。

2015 年 5 月，国家发展和改革委员会等 13 部委提出了建立国家公园体制试点方案，将北京、黑龙江、吉林、浙江、福建、湖北、湖南、青海、云南作为国家公园体制建设试点地区，每个省（市）选取一个区域开展工作，在地方探索实践的基础上，构建我国国家公园体制的顶层设计，并印发了《建立国家公园体制试点方案》。这是首次明确提出我国首批国家公园体制试点区域该如何选择、如何建立，预示着国家公园体制的建立开始启动。

2015 年 9 月，中共中央、国务院发布了《生态文明体制改革总体方案》（中发〔2015〕25 号），主要内容包括：加强对国家公园试点的指导，在试点的基础上研究制定建立国家公园体制总体方案，构建保护珍稀野生动植物的长效机制。因此，国家公园必须要明确自己的职责和方向。

2016 年 5 月，国务院办公厅发布了《国务院办公厅关于健全生态保护补偿机制的意见》（国办发〔2016〕31 号），包括完善重点生态区域补偿机制，研究制定相关生态保护补偿政策，并将生态保护补偿作为建立国家公园体制试点的重要内容等。

2016 年 11 月，国务院办公厅发布的《国务院办公厅关于印发湿地保护修复制度方案的通知》（国办发〔2016〕89 号）提出，“对国家和地方重要湿地，要通过设立国家公园、湿地自然保护区、湿地公园、水产种质资源保护区、海洋特别保护区等方式加强保护，在生态敏感和脆弱地区加快保护管理体系建设”。2016 年 11 月，国务院提出了《“十三五”生态环境保护规划》（国发〔2016〕65 号），包括整合设立一批国家公园，加强对国家公园试点的指导，在试点基础上研究制定建立国家公园体制总体方案；合理界定国家公园范围，整合完善分类科学、保护有力的自然保护地体系，更好地保护自然生态和自然文化遗产原真性、完整性；加强风景名胜区、自然文化遗产、森林公园、沙漠公园、地质公园等各类保护地的规划、建设和管理的统筹协调，提高保护管理效能。

2017 年 3 月，国务院批转国家发展和改革委员会《关于 2017 年深化经济体制改革重点工作的意见》（国发〔2017〕27 号），要求稳步推进三江源、大熊猫、东北虎豹等 9 个国家公园体制试点，出台国家公园体制总体方案，开展健全国家自然资源资产管理体制试点。

2017 年 8 月，国土资源部通过了我国首部国家公园地方性法规——《三江源国家公园条例（试行）》，三江源国家公园划分为核心保育区、生态保育修复区、传统利用区等不同功能区，实行差异化保护。核心保育区以强化保护和自然恢复为主；生态保育修复区以中低盖度草地的保护和修复为主，必要时可实施适度的人工干预措施，加强退化草地和沙化土地的治理、水土流失防治、林地保护，实行严格的禁牧、休牧、轮牧，逐步实现草畜平衡；传统利用区适度发展生态畜牧业，合理控制载畜量，保持草畜平衡。

表 2-1　国家层面国家公园建设相关法规及政策文件

机构	时间	会议及文件
中共中央	2013 年 11 月	党的十八届三中全会《中共中央关于全面深化改革若干重大问题的决定》
国务院	2014 年 8 月	《国务院关于促进旅游业改革发展的若干意见》
国家发展和改革委员会等 13 部委	2015 年 1 月	《建立国家公园体制试点方案》
国务院	2015 年 5 月	《中共中央 国务院关于加快推进生态文明建设的意见》
中共中央、国务院	2015 年 9 月	《生态文明体制改革总体方案》
国务院	2016 年 5 月	《国务院办公厅关于健全生态保护补偿机制的意见》
国务院	2016 年 11 月	《国务院办公厅关于印发湿地保护修复制度方案的通知》
国务院	2016 年 11 月	《“十三五”生态环境保护规划》
国务院	2016 年 12 月	《国务院关于全民所有自然资源资产有偿使用制度改革的指导意见》
国土资源部	2016 年 12 月	《自然资源统一确权登记办法（试行）》
国务院	2017 年 3 月	《国务院关于落实〈政府工作报告〉重点工作部门分工的意见》
国务院、国家发展和改革委员会	2017 年 4 月	《关于 2017 年深化经济体制改革重点工作的意见》
中共中央、国务院	2017 年 9 月	《建立国家公园体制总体方案》
中共中央	2017 年 10 月	《中国共产党第十九次全国代表大会报告》

2.2　地方层面保护与发展制度实践

2015 年年初，国家发展和改革委员会会同 13 个部门联合印发了《建立国家公园体制试点方案》，全国范围内确选了北京、福建、云南、青海等 9 个国家公园体制试点省（市），要求各地选取一个区域开展国家公园试点，标志着国家公园体制建立的正式启动。2017 年 6 月，中央全面深化改革领导小组第三十六次会议审议通过了《祁连山国家公园体制试点方案》，祁连山国家公园成为第 10 个国家公园体制试点。各试点省（市）积极配合，结合当地实际情况，通过设定管理条例等方式，为国家公园的顺利建设提供法律支撑。此后，各试点省份陆续选定国家公园试点区，具体实施进度见表 2-2。

表 2-2　地方层面国家公园建设相关会议、法规及政策文件

国家公园试点区	时间	会议、法规及政策文件
北京长城	2017 年 1 月 14 日	北京市第十四届人民代表大会第五次会议
东北虎豹（吉林、黑龙江）	2016 年 4 月 8 日	中央财经领导小组办公室在北京组织召开了“大熊猫、东北虎国家公园工作启动部署会”
	2016 年 4 月 19 日	吉林省政府组织召开东北虎国家公园建设工作会议
	2016 年 12 月 5 日	中央全面深化改革领导小组第三十次会议审议通过了《东北虎豹国家公园体制试点方案》
	2017 年 8 月 19 日	东北虎豹国家公园管理局在长春成立
浙江钱江源	2016 年 7 月 15 日	国家发展和改革委员会正式复函浙江省政府，同意《钱江源国家公园体制试点区试点实施方案》
	2017 年 8 月 15 日	《钱江源国家公园条例（草案）》立法调研座谈会在开化县召开
福建武夷山	2017 年 7 月 17 日	福建省第十二届人民代表大会常务委员会第三十次会议审议了《武夷山国家公园管理条例（草案）》
湖北神农架	2016 年 5 月 30 日	国家发展和改革委员会以发改社会〔2016〕1042 号函批复了《神农架国家公园体制试点区试点实施方案》
	2017 年 3 月 17 日	林区党委常委会研究审议《湖北神农架国家公园管理条例（草案）》
湖南南山	2017 年 4 月 7 日	《湖南南山国家公园管理条例》立法工作推进会
云南香格里拉普达措	2013 年 11 月 13 日	《云南省迪庆藏族自治州香格里拉普达措国家公园保护管理条例》由迪庆州人民政府出台
	2015 年 11 月 26 日	云南省第十二届人民代表大会常务委员会第二十二次会议通过《云南省国家公园管理条例》，自 2016 年 1 月 1 日起施行
青海三江源	2016 年 3 月 5 日	中共中央办公厅、国务院办公厅印发了《三江源国家公园体制试点方案》
	2017 年 6 月 2 日	青海省第十二届人民代表大会常务委员会第三十四次会议通过了《三江源国家公园条例（试行）》
大熊猫国家公园（四川、陕西、甘肃）	2016 年 3 月 18 日	国家林业局保护司组织召开了专家评审会，审议国家林业局调查规划设计院编制完成的《秦岭大熊猫国家公园总体规划（2016—2025 年）》
	2016 年 12 月 5 日	中央深化改革领导小组第三十次会议审议通过了《大熊猫国家公园体制试点方案》
	2017 年 8 月 8 日	四川省正式成立四川省大熊猫国家公园管理机构筹备委员会
	2017 年 8 月 18 日	《大熊猫国家公园体制试点方案》获得国家正式批复
	2017 年 8 月 18 日	四川省大熊猫国家公园体制试点工作推进领导小组印发了《大熊猫国家公园体制试点实施方案（2017—2020 年）》
祁连山国家公园（甘肃、青海）	2017 年 4 月 13 日	甘肃省政府办公厅印发了《编制祁连山国家公园体制试点方案的工作方案》
	2017 年 6 月 26 日	《祁连山国家公园体制试点方案》获得中央全面深化改革领导小组第三十六次会议审议通过

我国各个国家公园试点建设进度不一。在协调保护与发展制度方面，三江源、大熊猫国家公园等已经率先开始了政策和制度层面的实践。三江源国家公园在协调保护与发展制度的尝试方面做出了有益探索。2016 年 3 月 5 日，中共中央办公厅、国务院办公厅印发了《三江源国家公园体制试点方案》。三江源国家公园包括长江源、黄河源、澜沧江源 3 个园区，园区总面积为 12.31 万平方千米，占三江源总面积的 31.16%。2017 年 6 月 2 日，青海省第十二届人民代表大会常务委员会第三十四次会议通过了《三江源国家公园条例（试行）》，规定了国家公园管理机构应当会同所在地人民政府组织和引导园区内居民发展乡村旅游服务业、民族传统手工业等特色产业，开发具有当地特色的绿色产品，实现居民收入持续增长等内容。

2018 年 1 月 26 日，国家发展和改革委员会公布了《三江源国家公园总体规划》，规划中明确指出，要遵循保护第一、合理开发、永续利用的原则，探索建立“政府主导、管经分离、多方参与”的特许经营机制，调动企业和社会各界，特别是广大牧民群众参与的积极性，提升他们的存在感、获得感，共享国家公园红利。建立与国家公园功能目标定位相符合的特许经营清单，面向社会公开招标，实行多种方式的特许经营；鼓励开办牧家乐、民间演艺团体、民族手工艺品、生态体验等特许经营项目，给予政策扶持。特许经营范围涉及生态体验和环境教育服务业、有机畜产品加工业、民族服饰、餐饮、住宿、旅游商品及文化产业等。同时，要构建野生动物保护长效机制，研究制订《三江源国家公园野生动物保护补偿办法》，积极探索建立野生动物伤害保险，提高当地社区居民保护野生动物的积极性。

在社区管理层面，三江源国家公园主要采用社区共建共管模式。一是通过设置生态管护公益岗位，推进牧民转产，促进牧民增收；二是通过城镇社区发展，完善园区基础设施，提升公共服务能力，吸引群众自愿向城镇集中定居，制定统一政策解决住房安置等问题，创造劳动力就业条件；三是转变畜牧业发展方式，基于农民专业合作社发展生态畜牧业，减轻草原压力，提高牧民收入；四是参与国家公园共建，通过社会服务公益岗位和参与特许经营，实现转产转业；五是坚决打赢脱贫攻坚战，将东西部扶贫协作与当地扶贫举措紧密结合，确保到 2020 年贫困牧民全面脱贫；六是依托西宁市、海东市教育资源，开展异地办学，提高文化素质，引导异地就业；七是对自愿继续留在草原从事草地畜牧业的牧民，引导其保护生态、传承传统文化。

大熊猫国家公园体制试点区在协调保护与区域经济发展领域的实践颇具典型性和代表性。2016 年 12 月 5 日，中央深化改革领导小组第三十次会议审议通过了《大熊猫国家公园体制试点方案》，四川、陕西、甘肃三省境内大熊猫种群高密度区、大熊猫主要栖息地、大熊猫局域种群遗传交流廊道被划入大熊猫国家公园，总面积为 27134 平方千米，其中四川省境内面积为 20177 平方千米，陕西省为 4386 平方千米，甘肃省为 2571 平方千米。

2017 年 8 月 8 日，四川省正式成立四川省大熊猫国家公园管理机构筹备委员会，近期重点工作包括：（1）制定出台大熊猫国家公园管理机构设置实施方案和大熊猫国家公园干部配备管理权限方案并推进实施；（2）起草大熊猫国家公园管理相关法律和制度，推动大熊猫国家公园建设法治化进程；（3）加强与中央财经领导小组办公室、国家发展和改革委员会（建立大熊猫国家公园体制试点领导小组）、国家林业局等中央机关和部门的沟通与协调，加强与陕西省、甘肃省及对口部门的联系，同步推进各项试点工作（人民网，2017）。

2017 年 8 月 18 日，《大熊猫国家公园体制试点方案》获得国家正式批复，四川省大熊猫国家公园体制试点工作推进领导小组印发了《大熊猫国家公园体制试点实施方案（2017—2020 年）》。在探索可持续社区发展机制部分，主要强调了以下几点：（1）有序疏解园区居民，严格控制村庄扩展，限制新增生产生活设施，分散的居民点实行相对集中居住。统筹使用易地扶贫搬迁、地质灾害避险搬迁和农村危房改造等政策和项目，引导核心保护区和生态修复区内的居民全部迁出。科普游憩区和传统利用区合理控制人口规模，根据保护需要适时搬迁部分居民。现有不符合保护要求的各种设施逐步搬离，新增项目由当地政府在园区外统筹布局。（2）建立当地居民参与生态保护的利益协调机制。将现有各类保护地管护岗位统一归并为生态管护公益岗位，合理设定公益岗位规模，优先吸纳核心保护区和生态修复区具备劳动力的居民就业。引导科普游憩区和传统利用区居民适度发展符合保护要求的生态产业，加大就业培训服务力度，推动居民转产就业。完善野生动物损害补偿制度，按照《中华人民共和国野生动物保护法》的相关规定，对野生动物造成的人身财产损失予以补偿。（3）构建与周边区域良性发展的互动机制。根据大熊猫国家公园发展需要，针对不同的资源优势和发展现状，统筹周边区域产业发展和公共服务体系构建。依托国家公园优势，发展民族文化、生态旅游、熊猫文化产品、特色农产品加工等相关产业，带动周边区域发展。加强周边区域基础设施和公共服务设施建设，承接核心保护区和生态修复区人口转移和公共服务设施迁建，为国家公园提供支撑服务。

2.3　自然保护地法制化存在的问题

现今国家和地方出台的国家公园相关法律法规和政策对国家公园的建设起到了积极作用，同时也存在很多问题，主要包括：

第一，现有法律不完善，地方法规不健全。目前，我国已有《环境保护法》《森林法》《野生动物保护法》《自然保护区条例》等相关法规、条例，国家公园立法要根据国家公园建设的新要求进行整合、创新和覆盖，形成国家公园体制的完整法律体系。目前，多数省份还未对国家公园的建设出台相应条例，且对当地政府在保护生物多样性方面的责任没有具体的政策要求，使政府协调综合保护与发展的治理能力得不到有效发挥。

第二，法律规定过于笼统，缺乏针对性，可执行性差。《环境保护法》规定："一切单位和个人都有保护环境的义务，并有权对污染和破坏环境的单位和个人进行检举和控告。"但我国此类规定都过于抽象，没有具体的实施规定和条件，在实践的过程中很难发挥作用。当前国家公园相关法律制度大多对资源开发利用限制做出了明确规定，但是对扶持地方社会经济发展并未有明确的法律规定，如利益分成标准缺位、责权和事权划分不明确、补偿主客体不明确等。

第三，基本法层次的国家公园专门立法缺失。从国家立法上看，我国现行的关于自然保护区的专门立法主要由 1 部条例《中华人民共和国自然保护区条例》（以下简称《条例》）和 4 个管理办法《森林和野生动物类型自然保护区管理办法》《海洋自然保护区管理办法》《水生动植物自然保护区管理办法》《自然保护区土地管理办法》组成，是目前保障自然保护区工作的最重要的法律依据。其中，《条例》是国务院专为自然保护区管理颁布的一项综合性法规，4 个管理办法是对《条例》的细化，法律效力层级偏低，内容覆盖面有限，不能满足保护区管理工作的实际需求。在具体实施法规的过程中，常常会出现《条例》与《森林法》《野生动物保护法》等基本法律相关条款内容不一致的现象。由于《条例》仅为行政法规，必须服从上位法的有关规定，这就使其难以实现其作为专门法应有的效用。这 1 部条例与 4 个管理办法之间的协调性差，其统领作用并未被很好地发挥出来。

第四，与社区的结合度不高。当地社区居民与地方政府机构参与国家公园建设，可以提高其生态环境意识，促进其对有关法律政策的了解，增强其遵纪守法的自觉性。

但就目前而言，现有条例与当地管理实际结合度不高，对社区居民的资源利用行为进行了限制，但缺乏基础设施建设、区域发展等相关规定，缺乏为当地社区提供充分参与生物多样性保护工作的机会。应妥善处理好区域与社区、保护地与当地社区的各种关系，并以法律法规的形式加以固定和强化，才能促进具有中国特色的国家公园体制的建设和发展。

第 3 章　国外国家公园建设实践与经验借鉴

1872 年 3 月 1 日，美国建立了世界上第一个国家公园——黄石国家公园。之后，美国于 1916 年通过了关于成立国家公园管理局的法案，意味着美国国家公园的管理纳入了法制化轨道。随后，加拿大、英国、日本、澳大利亚及一些发展中国家参照美国国家公园管理体制及发展模式，形成了不同的国家公园管理体制及发展模式，这对我国国家公园管理体制的构建和发展模式选择有重要的借鉴价值。在系统梳理国内外相关文献的基础上，运用逻辑推演和比较分析等方法，总结和归纳国际上国家公园典型发展模式对区域社会经济的影响，以期为我国国家公园体系促进地方社会经济发展提供借鉴和参考。

3.1　国外国家公园建设与区域发展综述

3.1.1　国外国家公园建设与社区的冲突

国家公园建设和发展中始终存在着资源保护与发展的矛盾，严格的保护与当地社区谋求发展的诉求必然会产生矛盾。在国家公园设立筹备阶段，规划不周且未充分考虑社区利益、管理机制设计缺陷很可能会为社区管理冲突埋下伏笔，并在后期经营管理阶段表现出来。在全球范围内的国家公园中，这种诉求差异产生的社区冲突普遍存在。国外国家公园的冲突类型分为国家公园定界引发的社区冲突、国家公园保育政策引发的社区冲突以及国家公园资源开发利用所引起的冲突。冲突产生的原因在于国家公园的土地政策、利益分配机制以及国家公园的管理手段（高燕等，2017）。

为了缓解国家公园建立与社区之间的矛盾冲突，国外国家公园管理机构也采取了一系列的措施，包括：（1）构建利益共享机制。具体模式包括通过基础设施建设、发展生态旅游等方式增加地方就业机会；通过发展替代生计项目帮助社区减贫。（2）建立缓冲区。通过在国家公园外围建立缓冲区，允许可持续、合理地利用土地以满足社区生计需求。（3）加强社区环境宣教。通过让社区在保护中获益，增强社区对保护的参与和认识，提升社区保护态度与参与意愿。（4）完善社区参与机制，保证社区在保护中的话语权。

3.1.2　国外国家公园管理模式和理念

美国国家公园模式是建立在“出于国家利益，使自然资源免受人类活动破坏”的理念之上，因此，美国国家公园通常实行自然与社会的隔离，被欧洲多数国家效仿。英国则以游憩为主要目的进行国家公园建设，国家公园多处于近郊，结合乡村发展和经营，从而协调社会与发展的关系（肖练练，2017）。

美国与欧洲的严格保护方式容易造成人地关系矛盾的加剧，对其他国家和区域难以适用，尤其对发展中国家更是如此。在发展中国家，自然保护地通常也是贫穷落后地区，保护与发展冲突日益加剧，国家公园发展理念的重要内容之一是平衡社会与自然之间的关系。英国的发展模式则为许多发展中国家提供了经验借鉴。部分发展中国家和地区在学习世界国家公园建设和发展经验的基础上，探索了符合国情的发展模式（肖练练，2017）。例如，越南作为发展中国家，其管理模式经历了省级行政管理、国有企业管理、半国有企业管理 3 个阶段，创建了国家公园的公私共存管理模式，政府拥有土地所有权，政府、私人企业、联营企业共为管理主体。

3.1.3　国外国家公园资金投入机制

美国国家公园管理局是管理和保护美国国家公园的唯一机构。美国国家公园管理局的年度预算，是依据总统的预算请求，由国会在每个财政年度将资金拨入 5 个账户，分别为运营、建设、征地、休闲/保护、转移支付账户。除了直接拨付到美国国家公园管理局预算账户的款项，美国运输部的公路信托基金也为美国国家公园管理局的道路、桥梁、游客交通接驳系统提供拨款。美国国家公园管理局的自营收入（收费收入）用于公园管理、运营及维护。自营收入全部存入国库，被称为“永久拨款”，即美国国家公园管理局可以保留这些资金直到用完，其使用不需要国会批准。

德国有这样一种共识：保护国家公园内的国家自然遗产是各州的职责。德国国家公园经费机制是这种共识的结果。联邦政府既不为国家公园体系、也不为单一国家公园提供经费。国家公园的年度预算经费是州议会批准的州预算的一部分，由每个州为其境内的国家公园提供经费。各州都有为国家公园提供充足资金的积极性，因为他们深信国家公园有益于整个民族。德国国家公园没有经济目标，收费收入很少，只有一些导游带队的旅游活动（导游都是经过培训和获得公园管理局颁发导览许可证的当地人）需要游客付费。各公园的导游组织将部分收入交给公园，用于自然保护或环境教育，但这只占公园支出的很小一部分。尽管德国国家公园收费很少，但它们对所在地区的经济贡献不容低估。州政府每投入 1 欧元，投资回报率为 2～6 倍。

3.1.4　国外国家公园特许经营

国外国家公园的特许经营制度以美国最为典型。美国国家公园发展历史悠久，在特许经营制度发展方面也处于领先地位，目前已经形成了完备的特许经营法律体系，包括 1998 年美国国会颁布的《特许经营管理改进法案》、2006 年美国国家公园管理局颁布的《国家公园管理政策》。具体来说，美国国家公园特许经营参与主体包括美国国家公园管理局、地区国家公园管理局、特许经营者。特许经营主要涉及住宿、餐饮、零售等大规模经营项目或服务。特许经营不签长期合同，一般不超过 10 年，大多为 3～5 年。国家公园管理者可以对经营者进行评估，进而确定是否进行续签，最多可延长至 20 年。美国的国家公园特许经营管理严格，由美国国家公园管理局负责授权和管理，公园的餐饮、住宿等旅游服务设施及旅游纪念品的经营必须以公开招标的形式征求经营者，特许经营收入除上缴美国国家公园管理局外，必须全部用于改善国家公园管理，具体比例为 80%的收入用作所在国家公园管理经费，20%存入美国财政部专门账户用作美国国家公园管理局商业服务项目整体管理经费（刘翔宇等，2018）。

3.2　国外国家公园建设经验对我国的启示

3.2.1　国家公园社区参与机制

具体来说，社区参与机制包括以下几种形式：

（1）参与特许经营。首先，要明确社区居民的参与特许主体资格；其次，要明确社区参与特许经营的形式；最后，要加强对社区特许经营的监督管理。

（2）参与保护管理。建立自然资源管理制度，聘用社区居民参与自然资源保护工作，并建立社区共管委员会。

（3）参与保障机制。包括社区保障制度、社区协商机制、信息畅通机制、利益分配机制、社区奖补机制等，从各个方面保障社区居民的基本收益。

（4）社区产业引导。有两个原则：一是不与国家公园的价值保护相冲突，引导发展绿色低碳产业；二是以社区自愿为前提，设立参与奖励机制，鼓励加工业外迁和创新产业发展。具体做法为：①调整第一产业。社区第一产业的调整重点是产业生态化融合。②限制发展第二产业。除传统利用区外，严格限制加工业等产业。建立加工业外迁鼓励和补偿政策。③积极引导发展第三产业。通过提供产业转型培训和政策支持，引导社区居民参与国家公园的保护管理和特许经营。

3.2.2　国家公园资金投入机制

在资金投入方面，需要明确国家公园为中央事权，建立以中央政府投入为主的国家公园资金机制，同时明确地方政府在国家公园管理中的事权，形成中央和地方合理的事权结构。按事权和支出责任相适应的原则，划分各级政府支出范围，构建转移支付体系。

3.2.3　国家公园自然资源管理机制

国家公园需要建立多样化的自然资源所有权体系，在此基础上建立自然资源资产的用途管制制度和生态保护补偿机制，探索自然资源资产的价值管理体系，并完善国家公园自然资源信息采集和确权工作，同时妥善处理试点区及周边社区居民对自然资源的争夺问题。

3.2.4　国家公园发展模式

从国际经验来看，各国国家公园发展模式演绎的变量主要包括国家公园划定标准、目标和重点、管理机构层级、基础设施、土地所有权、社区参与等（肖练练，2017）。参照国际经验，在我国国家公园发展模式中，首先应当坚持生态保护第一，在自然资源得到有效保护的基础上进行合理利用。考虑我国现实国情，理顺各类保护地的功能、定位、资源品质和利用强度，实行国家公园分区管理，兼顾当地社区利益，探索科学的社区发展模式，协调保护与发展的关系。同时，要坚持国家代表性，坚持国家所有、国家管理、国家立法，制定国家公园遴选标准，明确国家公园范围，研究租用、赎买、置换、土地补偿等土地流转方案，保证国家公园的全民性，构建具有中国特色的国家公园管理体系。在具体的管理方式上，要理顺中央和地方政府的事权划分、明晰国家公园管理机构与相关部门之间的关系，构建层级分明、结构合理、职责清晰的国家公园管理体制。

3.2.5 国家公园立法

针对当前我国关于保护地立法层级不高、效力不够、立法分散的情况，应当整合目前各类保护地管理条例、部门规章，从国家层面研究建立统一的国家公园法，为国家公园统一管理提供法律依据；同时，尝试建立“一区一法”，细化法规内容，根据实际情况制定相应的法规制度，为国家公园管理提供具体指导，加强国家公园相关法律和规章制度的科学性和可实施性。研究制定公众参与国家公园发展的制度和程序，保障社区居民利益，提高社会公众对国家公园的认知程度和参与积极性。

第 4 章　国家公园保护与区域发展的关系

资源与环境是人类生存与社会经济发展的基础。自然保护地（含国家公园）所在区域在经济发展的过程中必然消耗大量的自然资源，如何平衡自然资源及野生动植物资源保护与地区社会经济发展的关系是当前区域经济协调发展工作的重中之重。

4.1　自然生态保护与区域发展矛盾冲突现状分析

4.1.1　自然生态保护与区域社会经济发展的矛盾

现代保护理念认为，自然保护主要是保护重要的生态系统。自然生态系统与周边的社会经济系统高度相关，关联复杂。两者通过能量、资源和其他生态因子的交换，相互作用形成一个生态和社会经济复合系统，并在生态环境和自然资源的生产和利用中不断演进和发展（图 4-1）。目前，我国自然资源和生态景观最丰富的地区往往也是经济欠发达地区。在这些地区，大部分自然保护地及其边缘地带仍然存在较为强烈的人为干扰，易触发区域社会经济发展与生物多样性资源保护之间的矛盾冲突。

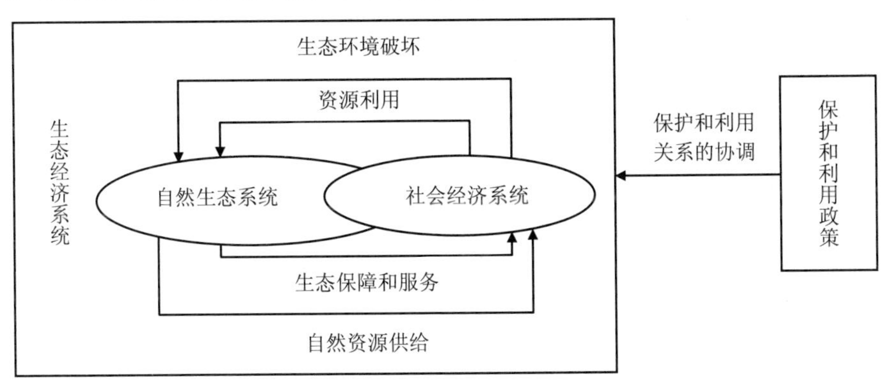

图 4-1　生态经济系统关系结构图

当地社区存续所依的自然资源既是自然生态保护的重要组成部分，又是当地社区社会经济发展最基础的物质源泉，这就不可避免地使保护和发展在资源使用利益取向上形成对立。从全球视角来看，许多发展中国家都在保护与社区发展过程中面临着这样的矛盾和问题。

在许多发展中国家，在自然资源产权不清，或自然资源产权公有但管理缺失的情况下，周边社区容易过度利用自然资源、破坏生态环境，给自然资源保护造成很大压力，不利于自然资源的长期保存与恢复。

在大熊猫国家公园试点区划定范围内，各地的社会经济发展水平、生产和生活方式不同导致其资源利用程度和形式不同，对当地生态系统的影响也不同。大熊猫栖息地生态系统对外部影响的反应较为敏感，需要进行严格的生态保护，对自然资源利用进行严格的限制，这会对社区居民的生计产生重要影响。在非核心区，社区居民对自然资源依赖程度较高，生产生活仍然保留传统粗放型的农牧业方式，对当地自然资源造成巨大压力。无论是生态系统还是社会经济系统承受压力加重，其结果均是造成生态保护和区域发展矛盾冲突加剧，保护与发展相互对立、割裂，不利于当地社会经济长期可持续发展。

4.1.2　粗放型经济增长与可持续发展的矛盾

市场经济以利益最大化为导向，而生态建设追求生态效益最大化。生态效益往往在短期内很难体现出来，结果容易出现以牺牲环境为代价换取短期经济增长的情况。很多地方唯 GDP 论，盲目牺牲生态环境换取经济发展，忽视生态环境承载能力，对生态资源不仅不加以保护，反而施以诸多负面影响，把经济建设与生态保护摆在了完全对立的位置。

长期来看，生态保护能够促进自然资源增长和生态系统生息恢复，对当地经济和社会的可持续发展具有深远影响。可持续发展是建立在社会、经济、人口、资源、环境相互协调和共同发展的基础上的一种发展，其宗旨是既能相对满足当代人的需求，又不能对后代人的发展构成危害。也就是说，可持续发展不仅包括生态环境方面的内容，也包括经济发展和社会发展方面的内容。可持续发展道路是协调保护与发展的必由之路。

在国家公园建设过程中，当地社区居民理应享有发展的资源和生态环境空间，其发展诉求应得到尊重。无数的现实也证明：只有当地社会经济发展，人民生活质量提高，才能逐步消除对资源和环境的压力，最终实现自然保护地的可持续发展，生物多样性保护才能拥有牢固的社会经济基础。在设计生态系统保护政策和管理国家公园时，应从可持续发展的辩证关系视角考虑社区发展的需求。这就是说，在解决国家公园保护与发展的矛盾冲突时，不仅要从整体上考虑生态系统保护的需要，也要考虑当地发展的需要，处理好整体生态效益与当地社区居民具体经济利益的关系，处理好当下经济发展需求和长远生态、资源、社会经济可持续发展的关系。

4.1.3　区域社会经济发展与区域生态安全指数

区域生态安全是某一地区可持续发展的基础。区域生态安全通常以生态安全评价指数作为反映区域生态系统完整性、稳定性、生态系统健康与服务功能可持续性以及主要生态过程连续性的一项综合评判指标。本节以大熊猫国家公园试点区四川省境内各分布县域为生态安全评价基本地理单元，对其2003—2015年的生态安全演变进行分析。

1. 研究方法

结合四川省大熊猫各分布县域的环境特征和社会经济发展状况，兼顾分析数据可获取性等因素，本书构建了“压力—状态—响应”（PSR）生态安全评价指标框架体系，即包含人类活动对生态系统产生的压力（P）、生态系统自身状态（S）、人类管理和保护行为响应（R）三类评估指标。评估指标具体构成情况见表4-1。

表4-1　PSR指标体系

目标层	项目层	准则层	指标层
区域保护与发展综合指数	压力	人口增长和经济发展压力（C1）	人口密度、GDP、第一产值占GDP比重、工业产值占GDP比重、旅游业产值占GDP比重
		土地及资源占用压力（C2）	农业用地面积、林业用地面积、县域境内公路总里程、全县已建景区总面积、工业用水量、全县生活用水总量
		环境污染压力（C3）	农用化肥施用量、农药施用量、二氧化硫排放量、工业烟（粉）尘排放量、工业废水排放总量、工业固体废物产生量
	状态	森林资源状态（含竹林状态）（C4）	全县森林覆盖率、全县竹林面积
		环境状态（C5）	全年平均气温、年总降雨量、自然灾害发生频率
		大熊猫及栖息地状态（C6）	全县大熊猫可食竹面积、全县大熊猫数量、全县大熊猫栖息地面积
	响应	资金投入（C7）	保护资金投入、生态补偿资金投入
		保护工程实施（C8）	全县自然保护区面积、全县天然林面积、全县公益林面积、全县退耕还林面积

第一，压力指标（P）。用资源、环境污染和人文社会指标反映自然过程和人类活动给大熊猫分布县域的生态环境所产生的影响和压力。压力的产生与区域经济发展程度和人口指标密切相关，能反映一定时期内大熊猫栖息地资源的利用强度和环境破坏程度，以及今后区域经济发展的变化趋势。分析选取的压力指标有 3 个，分别是人口增长和经济发展压力（C1）、土地及资源占用压力（C2）、环境污染压力（C3）。

第二，状态指标（S）。主要是指大熊猫分布县域的生态环境在特定时期的状态和变化趋势，反映生态环境的结构、功能和稳定性，主要涉及森林资源、环境及大熊猫栖息地状况等。分析选取的状态指标有 3 个，包括森林资源状态（含竹林状态）（C4）、环境状态（C5）、大熊猫及栖息地状态（C6）。

第三，响应指标（R）。人类活动会对生态环境造成一定的干扰，给生态系统的稳定带来压力。为缓解资源压力、改善环境、维持生态平衡，政府及公众等应采取一系列管理措施积极予以应对。分析选用的响应指标有 2 个，分别是资金投入（C7）和保护工程实施（C8）。

PSR 生态安全指标体系选取的指标可分为原始指标和构建指标两大类。其中，原始指标为直接查阅统计年鉴等文献可以获取数据的指标，如人口数量、森林覆盖率等；构建指标是利用原始数据计算分析后才可以获得数据的指标，如林业产值占 GDP 比例等。正向指标值越高，生态安全指数越高，生态质量越好；反之，负向指标值越高，生态安全指数越低，生态质量越差。

2. 数据来源

分析大熊猫分布县域区域生态安全所用的指标数据引自《四川省环境状况公报》《四川省统计年鉴》《四川农村年鉴》《绵阳市统计年鉴》《成都市统计年鉴》《阿坝州年鉴》《雅安市统计年鉴》《广元市统计年鉴》《乐山市统计年鉴》《眉山市统计年鉴》《甘孜州统计年鉴》，各调研县的“县统计年鉴”和“县年鉴”，以及国家林业局和四川省林业厅提供的《全国第三次大熊猫调查报告》《全国第四次大熊猫调查报告（内部资料）》《林业统计年鉴》等文献。

3. 指标权重确定

确定评价指标权重是进行生态安全评价的关键。现有的指标权重计算方法已经相当成熟，主要分为主观赋权法和客观赋权法两种。前者应用最为广泛的是层次分析法

（AHP）。此法对各指标重要程度的分析更具逻辑性，定性与定量相结合，具有较强的可信度，是一种多准则决策方法。后者最具代表性的是熵权法，主要是利用各指标所提供信息量的大小（熵值）来决定指标权重，是一种科学客观的赋权方法，成功排除了人为因素的主观影响。

主观赋权法带有主观色彩的缺点，存在随意性较大的可能；客观赋权法确定的权数有时又存在无法排除与指标实际重要程度相悖的可能性。因此，在分析时综合了主观和客观赋权法的优缺点，采用层次分析法与熵权法两种方法并用的方式确定指标权重，具体计算步骤如下：

熵权法对指标权重进行客观赋值计算，得到客观权重向量 $\boldsymbol{a}=(\boldsymbol{a}_1, \boldsymbol{a}_2, \cdots, \boldsymbol{a}_n)$。

层次分析法进行指标主观权重赋值计算。本书中，主要通过层次分析法软件（YAAHP）生成的调查问卷来构造层次分析模型的判断矩阵，然后对判断矩阵进行一致性检验。专家问卷的标记修正与补全也是借助这一软件完成的。

结合熵权法确定的客观权重和层次分析法确定的主观权重，再利用乘法归一化公式，计算出生态安全指标的综合权重。

4. 区域生态安全分析结果与解读：大熊猫国家公园区域经济发展对大熊猫栖息地生态安全的影响

经分析，大熊猫国家公园试点区四川省境内各县域生态安全指数及年际变化如表 4-2 所示。总体来看，2003—2015 年，研究区域各县的生态安全指数总体呈下降趋势。2003 年各县域生态安全指数均值为 0.571，2015 年降为 0.500。这说明，随着时间的推移，经济发展速度不断加快，对大熊猫分布县域生态安全的影响不断加剧。尽管近 10 年来，国家和地方政府为保护大熊猫这一物种及恢复其分布区域的生态安全做出了很大的努力，但是总体来看生态恢复目前仍然乏力。

从同一县域不同年份来看，2003—2015 年，大部分县域的生态安全指数均不同程度下降，其中下降幅度最大的 4 个县依次是松潘县、北川县、九寨沟县、宝兴县。有少部分县域生态安全指数上升，其中上升幅度较大的 4 个县（市）依次是都江堰市、理县、雷波县、泸定县，这与 4 县域近年来强化生态保护与管理是分不开的。

表 4-2　大熊猫国家公园四川省境内各县域生态安全指数年际变化

县（市）	2003 年	2006 年	2007 年	2011 年	2013 年	2014 年	2015 年	2015 年与 2003 年相比指数变化
都江堰市	0.419	0.438	0.515	0.525	0.521	0.548	0.563	0.144
理县	0.495	0.436	0.490	0.539	0.514	0.560	0.623	0.128
雷波县	0.452	0.458	0.440	0.564	0.432	0.539	0.555	0.103
泸定县	0.473	0.550	0.621	0.621	0.554	0.564	0.576	0.103
洪雅县	0.468	0.393	0.380	0.451	0.430	0.519	0.561	0.093
峨边县	0.360	0.437	0.436	0.442	0.415	0.437	0.418	0.058
石棉县	0.525	0.551	0.525	0.625	0.462	0.591	0.565	0.040
安县	0.483	0.370	0.430	0.463	0.458	0.459	0.456	−0.027
荥经县	0.463	0.530	0.370	0.447	0.450	0.431	0.408	−0.055
青川县	0.655	0.550	0.470	0.614	0.459	0.573	0.545	−0.110
美姑县	0.538	0.538	0.522	0.472	0.423	0.438	0.395	−0.143
马边县	0.641	0.460	0.451	0.393	0.470	0.417	0.492	−0.149
冕宁县	0.635	0.490	0.530	0.473	0.419	0.449	0.471	−0.164
天全县	0.715	0.524	0.490	0.638	0.430	0.624	0.543	−0.172
汶川县	0.725	0.628	0.643	0.438	0.455	0.428	0.545	−0.180
平武县	0.701	0.450	0.510	0.591	0.490	0.545	0.514	−0.187
宝兴县	0.752	0.641	0.655	0.646	0.535	0.542	0.554	−0.198
九寨沟县	0.515	0.521	0.474	0.393	0.416	0.382	0.286	−0.229
北川县	0.722	0.642	0.672	0.475	0.635	0.471	0.482	−0.240
松潘县	0.685	0.530	0.450	0.437	0.357	0.374	0.439	−0.246
平均值	0.571	0.507	0.504	0.512	0.466	0.495	0.500	−0.071

从同一年份不同县域来看，2003 年生态安全指数排名前四位的县域依次是宝兴县、汶川县、北川县、天全县，排名后四位的依次是荥经县、雷波县、都江堰市、峨边县。而到了 2015 年，生态安全指数排名前四位的县域依次是理县、泸定县、石棉县、都江堰市，排名后四位的依次是峨边县、荥经县、美姑县、九寨沟县。生态高安全性的县域，森林资源较为丰富，社会经济发展特别是工业发展水平比较低，生态安全影响主要来源于旅游开发、道路建设和社区农户小规模、分散式的资源利用。生态低安全性的县域，要么是经济发达或快速发展的地区，自然资源开发程度不断提升；要么是贫困县，资源开发利用率低，粗放式发展，生态恢复能力差。

结合四川省各山系自然环境和经济发展状态，经分析，大熊猫分布县域经济发展对生态安全的干扰和影响主要表现为：

（1）点状干扰程度有所减缓，但仍然存在。大熊猫栖息地内及周边社区农户在大熊猫栖息地内进行的放牧、采药、割竹、打笋、采集薪柴等生活与生产活动对大熊猫栖息地的一般性扰动，虽然干扰程度有所下降，但是依然存在。这会导致大熊猫栖息地受损，“蚕食性”地降低大熊猫栖息地的质量和承载力，对大熊猫栖息地生态安全构成威胁。

（2）线性干扰增加，且对生态安全的破坏性更大。近年来，随着大熊猫分布区区域性基础设施建设的加快，穿越大熊猫栖息地的铁路、公路、高压输电线等大型线性工程也不断增加。尽管依照工程建设环评规划，工程建设时会放弃部分越岭线路或对施工后需进行生态修复的工程区进行植被恢复，但工程建设本身及周边沿线的常住居民住房和临时性的资源开发仍直接占用大熊猫栖息地，对大熊猫栖息地的干扰和隔离仍然很严重。

（3）面状干扰波及范围大，且短期内很难缓解。随着地方经济发展需求的扩展、现有开发区域资源的逐渐枯竭以及社会资本的逐利投资冲动，四川省大熊猫栖息地内矿产资源开采、中小型水电资源开发、旅游资源开发和景区扩建等面状资源开发利用规模增长较快，对当地生态环境产生较大的压力。

4.2　国家公园建立伴生的区域发展新问题

在国家公园体制建设之前，我国已经建立了涵盖自然保护区、风景名胜区等不同类型保护地的自然保护地体系。由于历史原因，自然保护区多是基于抢救性保护理念而建立的，强调严格保护，很少允许开展休闲游览及其他资源开发利用类活动。这在一定程度上制约了地方开发当地优势自然资源的进程，也极大地抑制了地方建立自然保护区的积极性。其他类型的自然保护地又过于强调资源的开发利用，过度追逐经济利益，导致保护地内出现各种开发建设活动，忽视生态环境保护，造成生态破坏，没有起到其理应保护与恢复自然资源的预期划建目的。就我国的自然保护地而言，严格保护与开发利用之间缺乏合理、有效平衡的问题始终存在。开展国家公园试点建设意味着我国开始在生态保护具全国代表性的区域进行保护地管理体制机制改革试水，这对全国范围内推动建立符合我国国情的新型自然保护地管理模式、完善我国生态文明制度体系具有重要意义。但是，这一改革措施随之引发的一系列新问题也亟待解决。

4.2.1　国家公园建设压缩区域资源消耗性产业的发展

建立国家公园的目的是保护自然资源的原真性和完整性，因而国家公园的建立必然会限制地方某些资源消耗性产业的发展，从而制约当地社会经济的发展。

以大熊猫国家公园为例，国家正式批复的《大熊猫国家公园体制试点方案》将四川、陕西、甘肃三省的野生大熊猫种群高密度区、大熊猫主要栖息地、大熊猫局域种群遗传交流廊道合计 80 多个自然保护地有机整合划入国家公园，总面积达 27134 平方千米。其中，四川境内面积 20177 平方千米，占总面积的 70%以上，主要涉及绵阳、广元、成都、德阳、阿坝、雅安和眉山 7 个市州。国家公园试点区覆盖的面积之大前所未有，四川境内 17 万人、陕西 1.5 万人、甘肃 4.6 万人都被纳入大熊猫国家公园试点范围。

此前，我国自然保护区的建立虽在一定程度上会限制区内受保护资源的开发，但区外自然资源的开发利用相对不会受限；加之单个保护区面积相对较小且空间分布较为分散，资源开发限制总体程度毕竟相对有限。而如今，为了解决大熊猫保护过程中栖息地破碎化的问题，试点国家公园整合了区内现有所有保护地，保护涉及范围更广、覆盖人口增多，保护与发展的矛盾进一步扩大，主要表现在以下 3 个方面：

首先，森林资源是国家公园建设的重要资源保障。森林能提供大量的木材及其他林副产品。一方面，当地社区居民依赖森林资源提供生产生活必需的物资（水果、食物），尤其是帮助改善偏远地区人们的经济生活条件。另一方面，森林资源能够发挥蓄积水源、防止水土流失、防风固沙、净化空气、减轻洪涝旱灾、保护野生动物等生态服务功能。在国家公园建设过程中，要想保护生物多样性，势必要将森林资源的生态功能放在首位，弱化森林资源的经济效益，这必将影响当地社区居民的生计资本和生计方式，如林地经营和林业产业等。

其次，我国《自然保护区条例》规定："禁止在自然保护区内进行砍伐、放牧、狩猎、捕捞、采药、开垦、烧荒、开矿、采石、挖沙等活动；禁止在自然保护区的缓冲区开展旅游和生产经营活动；在自然保护区的核心区和缓冲区内，不得建设任何生产设施。在自然保护区的实验区内，不得建设污染环境、破坏资源或者景观的生产设施；建设其他项目，其污染物排放不得超过国家和地方规定的污染物排放标准"。在国家公园建设过程中，国家公园不仅涵盖了大部分大熊猫自然保护区，也包括了许多未能划入自然保护区的大熊猫栖息地，国家公园对于工业和建筑业的诸多限制对地区经济发展是个极大的挑战，地方招商引资会受到很大影响。

最后，自然保护区整体强调严格保护，而国家公园强调保护与利用兼顾，小面积利用、大面积保护，首要功能是保护具有典型性、稀缺性的自然地貌和生物群落，以维护生态稳定性和物种多样性（王蕾，2015）。这就决定了大熊猫国家公园的设立首先要保障自然和野生动植物资源的恢复与发展，辅之以适度的、非消耗性的资源利用，如生态游憩。这就要求地方政府必须认清形势，不能忽视生态环境的承载力，盲目上马生态旅游项目。这必将对当地第三产业的发展产生一定的限制。

4.2.2 中央与地方、各地方区域间国家公园管理机制矛盾冲突导致区域保护与发展目标不协调

在我国，管理体制与管理单位体制的关系类似于经济体制和企业制度之间的关系。管理体制指诸如教育、卫生、社会保障、环境保护等社会事业由谁来办、如何办的基本制度模式；管理单位体制则是指承担社会事业发展职能的具体机构的组织方式和运行机制。这两方面的体制机制对应的是我国国家公园体制建设中的难点。《建立国家公园体制试点方案》和《国家公园体制试点区试点实施方案大纲》这两份文件涉及管理体制设计的内容，但对其重要内容，如权责范围、机构级别、编制来源等没有进行规定，更没有明确依托哪个部门来建立统一管理的机构，无法为地方体制试点中出现的现实困难提供解决方案。目前，管理体制不明晰导致地方政府在推进国家公园建设时进程缓慢，只能通过建立临时的管理机构来维持事务运转，无法有效协调各方利益关系，导致国家公园建设与区域协调发展进程缓慢。以陕西大熊猫国家公园建设为例，陕西大熊猫国家公园建设，地方参与积极性很高，省政府高度重视，在提出建立初期，地方成立了综合筹备办公室，下设 5 个处室，并从各部门抽调 20 人参与国家公园筹备建设，综合协调大熊猫国家公园资源与资产管理、规划与宣传报道等事务。后来，由于试点过程中提出国家公园的事权在中央不在地方，导致地方的建设积极性下降，综合筹备办公室解散。目前只是在陕西省林业厅成立临时的机构——熊猫办，地方参与积极性不高，并且国家公园建设管理体制不明晰，导致国家公园建设试点进程缓慢，无法有效协调保护与区域发展的矛盾关系。当前的国家公园管理体制无法有效地调动地方参与的积极性，不明晰的管理体制也限制了地方协调保护与发展的效率。目前，由于管理方案以及管理体制不明确，国家公园周边社区实行严格的资源保护，无法进行有效的地方发展及扶持项目，导致社区发展停滞。

大熊猫国家公园试点区涉及陕西、甘肃、四川 3 个省，仅四川就涉及 7 个市州，80 多个保护地，如何安排、理顺中央与地方之间、地方各地区之间各层级管理体制，如何协调各自事权、资金投入和利益分配机制，尤其是国家公园与地方政府在国家公园区域发展中的事权安排，都需要在实践中不断探索。

4.2.3 国家公园建设初期社区生态补偿机制构建难度大

大熊猫国家公园试点区建设面积巨大，仅四川境内就有 17 万人被纳入试点范围，许多地方甚至整个乡镇被整体划入。如此之多的直接利益相关人决定了涉及的集体土地权属及土地附属自然资源（如林木）的权属问题会更加复杂。国家公园试点划建涉及的居民安置、社区生计协调、生态补偿方法、标准和程序、补偿主客体确定等国家公园建设相关的社区发展类事务，各地情况千差万别，制定统一、切实有效的生态移民与生态补偿机制的挑战极大。

4.3 自然生态保护与区域发展冲突解决途径

4.3.1 合理布局国家公园生态经济体系

努力探索科学合理的国家公园生态经济发展模式，通过经济产业生态化和生态经济产业化获得最佳综合效益，推进经济增长方式由粗放型向可持续发展型转变。例如，在大熊猫国家公园，应遵循自然生态规律，合理划分核心保护区、生态修复区、科普游憩区和传统利用区。在核心保护区实行最严格的保护，不得建设任何生产设施；在生态修复区以保护和修复为主，实行必要的人工干预保护和恢复措施；在科普游憩区开展适当的生态旅游活动；在传统利用区适当发展生态农业和绿色经济，使各分区真正建立起“以区划目的为底线，以资源环境承载能力为前提”的科学、合理的资源利用体系，包括依托大熊猫国家公园独特的自然和野生动植物景观，在传统利用区提高投资力度，加大对传统产业的生态化改造，大力发展生态旅游、生态农业、生态服务业，提高土地可持续集约利用水平。

4.3.2 统筹城乡协调发展，加强农村社会保障

解决社区农民生活保障问题可以缓解其对于未来生活的忧虑，减少其对自然资源的依赖性，促使他们转变对自然资源保护的态度。要围绕民生问题，着力发展教育、卫生、住房、社会保障事业，发展生态经济，提供绿色就业渠道，并结合地区发展战略，带动当地生态产业发展，促进社区居民增收。

以大熊猫国家公园为例，要统筹城乡协调发展，消除地区发展“不平衡”，着力解决秦巴地区、凉山地区等连片贫困地区的贫困问题，提高农村和城镇低收入家庭的收入水平，把和谐社区建设与生态社区建设结合起来，探索建立生态敏感区社区居民增收的长效机制，包括引入基于生态保护绩效的生态补偿激励分配机制、绿色发展债券等。

4.3.3 加大政策支持力度

运用多种政策手段为国家公园建设和发展提供保障，包括环境财政税费政策、生态补偿制度、干部政绩考核机制等。同时，加强中央与地方以及不同区域政府部门之间的协同与联系，避免交叉管理、多头管理，消除跨区域国家公园发展的行政管理障碍。具体做法包括：

第一，加强区域合作。以市场为导向，消除区域合作的各种障碍，实现生产要素无障碍流动，促进区域经济共同发展，加快建立有利于生态服务的区域协调机制。

第二，加大对国家公园的资金支持力度，主要包括加大环保投入和财政转移支付力度。中央和地方财政应增加专项投资，明确规定用于生态环境建设资金的增长速度要略高于财政增长速度；建立多渠道的投融资体系，发挥市场的资源配置功能，吸引社会资金和国际资金投入生态保护产业，进一步拓宽环保资金渠道，构建多元化的国家公园资金投融资渠道。

第三，加快建立国土资源生态补偿机制。国家公园不同于以往的保护地形式，其范围更广、涉及面更大，牵涉自然资源部、农业农村部、生态环境部等多个管理主体，同时纳入了大量的集体土地资源，对社区和区域的发展限制进一步加大，社区无法有效实现其资源权益，因此，加快建立国土资源生态补偿机制显得十分必要。要建立健全自然资源资产产权制度，统一确权登记系统和权责明确的产权体系，从而为生态补偿制度的构建奠定基础。要按照“谁开发谁保护、谁受益谁补偿”的原则，完善区域间生态服务供给者补偿机制，从税费制度、技术推广、产业扶持等方面对生态服务供给者进行补偿，对资源占用者进行费用征收，探索建立受益者补偿资金，对直接受益主体收取适当费用来充实相应生态补偿基金。

4.3.4 培育生态文化，支撑生态文明

通过教化、规制、示范、样板等生态文化培育，为推进生态文明建设提供系统的理念文化、制度文化、行为文化和物质文化支撑，构建丰富多彩的生态文化体系。

首先，要树立人与自然和谐共生的观念，充分发掘利用我国传统哲学中的生态思想，借鉴世界先进的生态环保理念，开展现代生态文化建设。其次，要树立环境保护与经济发展相协调的可持续发展观，做到以生态文化促进生态文明，促进人与自然的和谐共生，实现由“征服自然”的价值观到“人与自然协同进化”的观念转变（李志萌，2010）。最后，应倡导节约资源、文明健康的生活方式，促进人们形成“保护生态环境光荣、破坏生态环境可耻”的道德意识，促进人们担当起保护生态环境的重要职责。

第 5 章　国家公园保护与社区发展的关系

目前，我国自然保护地保护的区域占国土面积的 18%左右。在这样大的区域范围内，既要保护生物多样性资源和生态环境，又要保证当地社区群众的生存和发展，在政策上就面临两难的选择。保护地及其周边区域的社会经济发展水平往往相对较低，当地社会经济发展多是直接耗用自然资源的资源依赖型生产经营，加上人口增长对资源和环境的压力，使自然保护地和其他物种栖息地保护承受着巨大的压力。可以说，我国生态系统保护最主要的压力和负面影响就是周边社区发展过程中对资源和环境的破坏（温亚利，2003）。这决定了保护与社区发展的协调是我国各类保护地管理中最难解决的问题。这在自然保护区 60 多年的发展中如此，在建立国家公园为主体的自然保护地体系的现阶段和未来发展中也将会继续如此。要打破这一循环，应立足保护与社区发展这一矛盾体本身，寻找矛盾转化和消解的有效途径。国家公园体制建设将为此提供良好的实践平台。

5.1　自然生态保护与社区发展矛盾冲突现状分析

5.1.1　自然资源是利益关系的焦点

如何协调经济发展与生态保护的关系已成为当今社会可持续发展主题的重要组成部分。从经济分析的角度，生态保护是一种公益性的社会活动，生态环境是一种典型的公共物品，具有明显的正外部性。人类为了自身的生存和发展，对生物多样性保护将给予越来越多的重视。划建自然保护地保护生物多样性，从长远来看有利于整个社会、当地全体居民乃至全人类的共同福祉。对于自然保护地周边社区来说，较之公共物品，他们为了自身的生存和发展则更加重视短期可见的经济利益。如果不能从相守的邻近自然资源中得到一定的收益，他们在制定这些资源及其所依附土地的使用决策时，对生态保护就不会表现出多大的兴趣。

这是由自然资源的稀缺性决定的。如果把自然保护地所处区域的资源看作是一个独立和封闭的系统，其各类资源的总量在相对较短的特定时期内是相对固定的。如果用于保护的越多，可开发使用的就越少。以土地资源为例，在确定区域范围内，土地资源总量是有限且确定的。撇开资源产权问题不提，当在此区域划建保护地时，保护的面积越大，当地社区居民可用作农林牧业的土地资源相对就越少，因为很多情况下国家会根据保护的需要来征用部分集体林地和其他资源，且给予的补偿远低于被征用资源通过市场途径可实现的经济价值。换言之，在现实的市场经济环境中，保护地内集体土地面积占比越大，土地所有者的利益损失就越大。保护地正外部性这一特点使保护受益者与成本承受者并非完全对应，造成了保护与社区发展之间的巨大矛盾，成为保护与发展问题的内生根源。

实际上，人们往往较为关注当地社会经济发展对生态环境和生物多样性保护的负面影响，而容易忽视问题的另一面，即自然生态保护对当地社会经济发展、群众生存和传统文化延续的影响。诚然，生态保护有利于全人类的生存和发展，但保护成本却往往多由当地社区、甚至特定的社区群体独自承担。生态保护红利是以当地社区不得已舍弃特定的发展机会、牺牲自身经济发展和社会发展为代价的。当地社区在生态保护和自然资源可持续利用中得到的现实利益往往很少，而自然保护带来的效益多是潜在的和长期的，一般需要较长时间才能被当地人所认识。与此相反，生态保护给当地社区居民带来的发展制约却是十分明显的，特别是在短期内，他们承担着生态保护造成的许多不利影响，如资源使用和环境限制等。根据对陕西秦岭地区太白山、周至、牛背梁等国家级自然保护区当地农户的访谈及问卷调查，90%以上的受访者认为保护区在一定程度上限制了地方经济的发展，依影响程度由高到低排序如下：（1）林木采伐受限，收入减少；（2）区内农户迁出保护区后，人均耕地面积减少；（3）土地收入减少；（4）保护区内的野生动物糟蹋庄稼、威胁人畜安全；（5）薪材采集受限；（6）保护区与社区之间集体林地林权纠纷增多；（7）生态保护制约了香菇、木耳等林产品延伸产业的发展；（8）放牧受限；（9）打猎和林下产品采集（如野生药材、野生菌等）等传统家庭副业收入减少。

社会经济发展与生态保护之间的矛盾是一个世界性的问题，我国也不例外。以大熊猫国家公园示范区为例，大熊猫栖息地多位于偏远农村和山区，这些地方的生物多样性往往非常丰富，但也多为社会经济发展相对贫困和落后的地区。在发展受困和地方财力有限的情况下，大多数地方政府虽对生物多样性保护有一定的认识，并做出各种承诺，但实际投入却很少，这也是造成一些地区的生态环境不断退化和资源遭受严重破坏的一个重要原因。这种环境恶化和资源受损的趋势在地方经济发展的驱动下有进一步加剧的可能。从根本上讲，经济利益是保护与发展这一矛盾体最本质的驱动因素。

目前，在大熊猫国家公园试点区内，放牧是影响物种和栖息地保护的主要因素，也是保护与发展矛盾冲突的主要焦点。据调查，此试点区内高海拔地区放牧现象普遍，海拔越高，牧放牲畜的数量就越多。其中，较之高原牧马，黄牛和牦牛牧放对大熊猫栖息地的影响有限，这是因为马匹一年四季放养在山上，在冬季会啃食大熊猫取食的竹子，会对大熊猫的食物资源产生一定的影响。马匹又是当地农户放牧生活的必需品，用以驮运盐巴等放牧用物资，一般饲养牦牛、黄牛数量较多的农户也养有不少的马匹。随着生态旅游的发展，农户会开展骑马等特色旅游项目，结果出现生态旅游经营一方面会在一定程度上减少农户的放牧时间，降低农户放牧牲畜的数量；另一方面又因马匹饲养量增加，反而加剧了放牧对大熊猫栖息地的负面影响。放牧量增加还会使农户在牧放间隙采集更多的山野菜和中草药，进而影响大熊猫栖息地生态系统的群落结构。因而，减少国家公园内及周边的放牧活动是一项减少社区农户对区内自然资源依赖度的重要工作。

就大熊猫国家公园试点区而言，减少放牧可考虑的替代性产业包括扶持和引导特色产业（如中草药种植、特色果树种植），引导和提供生态岗位。目前，生态旅游的开展对大熊猫国家公园试点区的净环境影响值，其正负性暂不能确定。同时，必须承认，生态旅游能显著提高当地社区的生计水平。未来大熊猫国家公园管理如何通过规范农家乐等生态旅游产业，减轻其对生态环境的负面影响就成为生态旅游依存国家公园可持续发展的关键。整合目前区内农家乐经营，发展以旅游合作社为主体的规范化、规模化旅游将是大熊猫国家公园舍弃原有牧业生产，转型“生态公益岗+绿色生态旅游”的可选模式之一。这需要深化（周边）社区参与，加大吸引外资投入，形成较具规模的生态旅游经营产业。

5.1.2　自然资源权属冲突加剧了保护与发展的矛盾

资源权属是事关自然保护地存在和发展的核心。权属不明会引发法律纠纷，导致某些短视行为，形成一系列不稳定因素，最终导致保护地资源受到破坏。权属冲突也是导致保护地压力的重要原因之一。综合而言，自然资源权属冲突有以下几种情况：

1. 权属明确但权属变更含糊

自然保护地土地现有权属清楚，但其内包括国有土地和集体土地［含分配给农户的自留地（山）和责任地（山）］。未来建立国家公园极有可能会部分或全部改变原有的集体林地（含自留山）的资源权属关系。这将改变集体原有土（林）地的所有权，以及集体和（或）个人所有林木等其他土地附属资源的所有权，尤其是使用权和收益权。国家即使会按政策给予适当补偿，也往往会因补偿额度较小或者补偿方式或标准不尽合理，难以解决社区可持续发展的需求而引发即时或长期冲突，或冲突复发。

2. 权属不明或存在权属纠纷，权属待明确

在建立自然保护地前，有的土地、林地或林木的权属不清楚。在建立自然保护地时，这些权属待明确的土地、林木等资源被划为国有土地或国有林，导致当地社区和地方政府对保护地内的这部分自然资源的权属存有异议，严重的甚至会采取对抗行为继续利用存有争议的资源，不利于保护地的有效管理。

例如，陕西省的长青自然保护区是 1997 年从原来的长青林业局（森工企业）转产建立的保护区。此前，长青林业局主要从事森林采伐工作，当地农户也以采伐为生，后者收入的 70%来自木材生产和林副产品采集。尽管当时的长青林业局同当地社区和地方政府在林地、林木权属上一直存在严重的分歧，但由于并不影响彼此的采伐作业和收入，长青林业局事实上默许了社区对部分林地、林木的使用权。1997 年，在长青林业局的基础上转产建立长青自然保护区划定保护区边界时，问题就暴露了出来。当地社区和地方政府对部分林地、林木的权属要求，使保护区划界工作难以进行，直到省政府出面并由公安人员协调才使社区和地方政府做出让步，初步确定了保护区边界，但权属争议问题并没有真正得以解决。保护区成立后，保护区管理局坚持“保护区内一草一木不能动”的政策，不允许当地社区在保护区内具权属争议的区域砍伐树木、采药挖笋，甚至不能到保护区内放牛和养蜂，农户随之立即失去了原有的生活来源，保护区同社区甚至当地政府的关系十分紧张，曾出现农户以“我们（农民）不能进入保护区，你们（保护区的人）也不能进入我们的（集体林）地盘”为由，阻止保护区工作人员通过（保护区外的）社区集体林进入保护区工作的现象（邓维杰，1999；侯豫顺和魏国，2002；潘景璐，2008）。

3. 权属明确，但管理权不明

自然保护地林木、林地权属明确，但现实中存在某些保护地管理机构实际管护面积大于法定认可保护面积的现象，出现了林木、林地管理权不明、越权管理的情形。

例如，卧龙自然保护区的管理面积，国家认可的是 2000 平方千米，但实际管理面积超出保护区法定面积很多。尽管都是国有林，但毕竟影响了地方政府的权利和收益，由于此问题总得不到解决，曾一度影响该保护区获取林权证。目前，卧龙自然保护区虽然已经获得地方政府颁发的 2000 平方千米法定保护区域的林地、林权证，但是保护区管理局在实际保护管理中“占用辖区外集体林地”的问题仍未解决，影响了保护区同地方政府的关系，包括对保护地的有效管理。客观上，这一保护区周边的社区被剥夺了其原有的对保护区内外国有林部分资源的隐性权属，使社区不能再从这些自然资源中获取维持生产、生活的物质资料，加剧了彼此间的冲突。

5.1.3　原始的资源利用方式加剧了贫困，增加了保护压力

自然保护对资源利用的限制是制约自然保护地所在地区社会经济发展的部分原因，对自然资源的低水平、掠夺式的原始利用方式则是造成自然保护地周边社区贫困的根本性因素，也是造成当地社区非法获取保护资源、损害生物多样性保护利益的主要原因。在我国，保护地周边社区往往是守着富饶的自然资源，过着贫困的生活。在保护地，尤其是核心保护区域内，自然资源相对丰富，而保护地周边则由于乱砍滥伐、过度利用而导致自然资源相对贫瘠。由于这一原因，在很多地区，自然资源在空间上多汇集在保护地形成的“资源孤岛”上。

通过对秦岭地区的太白山、周至、牛背梁 3 个国家级自然保护区的调查，我们发现：越是保护区深处的社区，其社会经济发展水平越低，对自然资源的原始利用程度越高，对保护区的威胁也越大。以周至自然保护区为例，周边农户主要从事农业生产，粮食在正常年景可以自给，荒年则不足；人均年收入相当于全县平均水平的 60%。农户的主要经济来源是采集野生药材、采伐林木、种植香菇和木耳。香菇和木耳的经济价值较高，人工栽培在当地属传统产业。但是，传统生产方式木材消耗量较大，平均每架消耗优等木材 0.7 立方米。1995 年前，周至保护区周边社区平均每户养 40 架，年均约耗材 30 立方米。整个保护区每年仅此项就要消耗约 21000 立方米优等木材。此外，农户生活所用的建材、薪柴也都来自周边森林。农户年均每户消耗 7～8 立方米的薪材，消耗量大于

自留山和集体林的年生长量，消耗超出部分依靠从保护区内非法采伐获得。在保护区依法加强了对野生药材采集和林木采伐的管理后，农户的经济收入受到很大影响。农户为了维持基本生存，经常违反国家的保护法令，进入保护区从事生产活动。可以说，原始的资源利用方式固化了贫困农户对保护区内自然资源的强依赖性。随着保护区周边资源渐枯，当地社区居民自然而然会对保护区内“相对丰富”的自然资源形成更大的破坏，越是如此，社区居民对“稀缺”资源的依赖性就越强，越不利于保护区的发展，从而形成恶性循环。

5.1.4　社区在自然生态保护过程中承担的成本大于收益

1. 间接成本效益计量

农户对生物多样性保护间接成本效益无法直接通过货币化进行计量，但农户对此的感知是存在的（马奔等，2016）。通过卡方检验比较保护区（域）内外农户间接成本效益的差异性，结果见表 5-1。

表 5-1　保护区（域）内外农户间接成本效益差异性分析

		占区内样本数（216）百分比/%（样本数）	占区外样本数（711）百分比/%（样本数）	卡方	p
间接效益					
提供就业机会	影响大	50（108）	38（271）	14.707^{***}	0.001
	一般	34（74）	35（246）		
	不存在	16（34）	27（194）		
加强外界联系	影响大	48（103）	47（333）	11.374^{***}	0.002
	一般	43（93）	35（248）		
	不存在	9（20）	18（130）		
家庭收入增加	影响大	26（56）	22（160）	1.125	0.570
	一般	32（70）	35（246）		
	不存在	42（90）	43（305）		
基础设施改善	影响大	39（85）	32（231）	9.621^{***}	0.008
	一般	38（82）	50（355）		
	不存在	23（49）	18（125）		
社区环境改善	影响大	48（104）	40（258）	8.566^{**}	0.014
	一般	31（68）	43（303）		
	不存在	21（44）	17（123）		

		占区内样本数（216）百分比/%（样本数）	占区外样本数（711）百分比/%（样本数）	卡方	p
间接成本					
薪柴采集限制	严重	46（99）	43（309）	0.379	0.828
	一般	33（41）	20（141）		
	不存在	21（76）	37（261）		
木材采伐限制	严重	52（113）	54（382）	4.117	0.128
	一般	18（38）	22（158）		
	不存在	30（65）	24（171）		
野生植物采集限制	严重	58（125）	50（359）	7.629**	0.022
	一般	23（51）	22（154）		
	不存在	19（40）	28（198）		
木耳、香菇采集限制	严重	11（24）	12（82）	0.453	0.797
	一般	25（53）	27（189）		
	不存在	64（139）	62（440）		
传统文化破坏	严重	4（9）	3（20）	18.125**	0.000
	一般	28（60）	16（111）		
	不存在	68（147）	81（580）		

注：**和***分别表示0.05和0.01的水平上显著。

在间接效益上，在提供就业机会、加强外界联系、改善基础设施和社区环境方面，生物多样性保护对区内外农户的影响差异显著，在提高家庭收入方面不存在显著性影响。具体来说，区内农户认为生态保护可以提供就业机会的人数比例显著高于区外（50%>38%）。在与外界联系方面，将近一半的农户认为生物多样性保护加强了他们与外界的联系，只有9%的区内农户认为影响小，显著低于区外农户的比例。只有26%的区内农户认为生物多样性保护对提高家庭收入影响大，大多数农户认为没有影响或影响小。39%的区内农户认为生物多样性保护对改善基础设施影响大，高于区外农户的比例（32%）。在社区环境改善影响感知方面，更多的区内农户认为影响大，比例占调查总户数的48%，而区外这一比例仅为40%。

在间接成本感知上，农户对生物多样性保护导致野生植物采集、木材采伐以及薪柴采集受限的感知比较强烈，认为限制比较严重的农户占一半左右，而对木耳、香菇采集限制和传统文化破坏的影响感知并不强烈，大部分农户认为没有影响。具体而言，区内外农户在生物多样性保护限制野生植物采集和导致传统文化破坏的感知存在显著性差异，58%的区内农户认为生物多样性保护对野生植物采集限制严重，高于区外农户比例（50%），认为不存在对传统文化产生破坏的区内农户比例（68%）低于区外农户比例

（81%）。综合来看，生物多样性保护对周边社区农户产生了负向间接影响，而对区内农户产生的负向影响更大。

2. 直接成本效益计量

表 5-2 给出了保护区（域）内外农户直接成本效益对比情况。野生动植物致害损失是农户在生物多样性保护中直接付出的最主要的成本。项目调研发现，78.3%的农户反映因野生动物肇事而导致经济受损，其中，56.5%的农户年度经济受损超过 1000 元，但往往只有 15.5%的农户能得到肇事补偿，且补偿额度远没有弥补其损失。区内农户每年因野生动物肇事导致的直接成本损失显著高于区外农户，平均值高出 588.56 元，在 1%统计学水平上显著。生物多样性保护给农户带来的直接效益包括参与保护区发展项目、参与生态旅游经营效益、从事保护区提供的工作以及采集保护区内林下农产品所得收益。从效益总量来看，区内外农户户均年度收益不存在显著性差异，区内农户仅比区外农户收入多 228.47 元。差异来源是因为区内农户较区外农户能获得更多的保护就业机会和采集收入。在参与保护区发展项目和生态旅游经营效益上，两者不存在显著性差异。综合来看，在保护生物多样性时，区内农户承担了更多的保护直接成本，却没有明显获得更多的直接效益。

表 5-2　保护区（域）内外农户直接成本效益差异性分析

	区内（n=216）		区外（n=711）		T 检验
	平均值	标准差	平均值	标准差	
直接成本总计	1166.83	2354.79	578.27	1311.00	3.512***
野生动物致害损失	1166.83	2354.79	578.27	1311.00	3.512***
直接效益总计	3881.94	17330.08	3653.46	20101.63	0.200
参与保护区发展项目	275.00	1052.00	302.74	1876.91	0.218
参与生态旅游经营效益	1672.87	8545.27	2396.77	14762.49	0.686
保护区提供工作效益	998.15	6941.40	334.74	2384.21	2.165**
保护区内采集收入	935.92	791.41	619.21	1078.02	4.703***

注：**和***分别表示 0.05 和 0.01 的水平上显著。

由此可见，社区在生态保护过程中承担的成本大于收益。现阶段的生态补偿力度不能弥补社区在保护过程中所受的损失，保护成本大多由区内社区承担，而效益则惠及整个区域，成本效益不对等是当前自然生态保护与社区发展矛盾的焦点。

5.2　国家公园建设前中国保护与区域发展冲突主要解决途径

如何协调整体利益和局部利益是解决我国生态保护与社区发展之间矛盾的一个关键。由于历史和地域原因，我国很多地区的发展都是通过对自然资源进行粗放式的过度使用来实现的。在短时间内，如要他们放弃这种发展方式，采用更加经济、高效、绿色的发展模式是勉为其难和不现实的。因而，在处理保护与发展的关系时，要公正和客观地认识社区的发展能力和发展需求。具体来说，解决生物多样性保护与社区发展之间的矛盾，可能的途径主要有 3 种：一是政府行为，即通过出台一些特殊和优惠的发展政策来促进自然保护地所处地区的社会经济发展，弥补由于生物多样性保护给当地带来的发展损失。由于缺乏成功的经验和成本较大等，目前采纳这种方式比较困难，但可以预计，政府行为将是从根本上大范围缓解保护与发展之间矛盾的主要途径。二是经济激励，即在生物多样性保护和其他相关发展活动中采用经济激励手段，使当地社区居民能参与其中并获得更多的经济收益。这就要寻找一种途径，既能使当地社区从生物多样性资源上获得一定的经济利益，又不使生物多样性资源退化，使保护和发展的利益在一定范围和程度内统一在一起，这是目前比较适合我国国情的途径。这种方式涉及面小、比较灵活、实效性较强、成本也较低。三是采用综合措施，即将政府行为、经济激励和允许社区对自然资源适度利用等方法结合起来，使社区既能从生物多样性保护中获取一定的直接收益，又能获得外部扶持及政策优惠，这条途径可以说是解决保护与发展矛盾的最佳选择，虽涉及的问题多、协调难度大，但应是今后长期发展的目标。

由此可见，在设计保护政策时，考虑用经济激励的方法应为政策决策首选。抛开经济性原则，生物多样性保护和经济持续发展政策应考虑的另一个重要问题不是政策的可行性，也不是项目的公平性，而是在限制当地社区居民使用生物多样性资源的同时，要提供给他们可选择的生活方式，使他们能够生存下去。生存是人的第一需求，当生存受到威胁时，其所产生的破坏力是无法阻止的，这正是在生物多样性保护项目中，强调社区的参与，强调为社区发展提供帮助，并把与当地社区合作作为项目选择重要标准的主要原因。

实际上，为了缓解保护区和社区发展的矛盾，我国投入了大量的财力和物力。学者们也从理论角度研究了我国自然保护地的经营管理，试图找出一种通用的模式，协调自然保护地及周边社区的发展。以自然保护区为例，学者们的研究理论可归纳为 3 个阶段：

纯自然保护型—自然保护与区域经济协调发展型—自然保护区可持续发展型。建设初期，遵循自然保护理论，有学者认为自然保护区是封闭的系统，应采取严格的经营管理策略，此即“纯自然保护型”。由于自然保护区并非孤岛，与其相连的社区经济实体严重制约着自然保护工作的开展，人们开始认识到协调保护区建设管理与区域经济发展的必要性和重要性，认为自然保护与社区经济应协调发展，此即“自然保护与区域经济协调发展型”。随着人们对自然环境和自然资源认识的不断深入、自然保护区的理论研究和市场经济的发展，封闭式的自然保护区系统观逐渐被开放式的自然保护区系统观替代，形成持续发展的自然保护理论和自然保护区耗散结构思想，强调自然保护区的综合作用和可持续发展，此即“自然保护区可持续发展型”。在我国，现在普遍接受的观点是自然保护区应该从封闭的系统转变为一个开放的系统，只有与外界产生联系，不断增强自身的造血功能，才是保护事业得以健康持续发展的有效途径。为此，自然保护区管理机构尝试过的社区发展模式主要分为三类。

5.2.1 开展社区共管

自然保护区社区共管的实践产生于20世纪70年代发展中国家，其主要目标是协调保护与周边社区发展的矛盾冲突，通过开展一系列发展项目减轻社区对保护资源的依赖，实现社区参与保护和生计水平的提升。社区共管的主要原则为参与、公平、激励与持续；主要内容包括认识问题与潜力、资源管理、参与保护、发展经济、提高认识、建立能力、完善制度、监测推广和持续等。

在生物多样性保护项目中采取社区自然资源共管的方法，可以将社区的自然资源纳入整个保护体系中，使生物多样性保护的系统性增强。我国和世界上绝大多数国家都存在保护地同社区在地理空间上相互交错的现象，即社区所有的自然资源往往同保护地所辖的自然资源在地理分布上有交织。在这种情况下，如将社区排斥在保护地的管理之外，就等于将其所属的自然资源从一个完整的生态环境系统中割裂出去，其结果必然是造成生物多样性系统的不完整。

在社区自然资源共管中，社区是自然资源管理者之一，这就消除了被动式保护所造成的保护地同当地社区互相对立的关系。在共管中，社区既是自然资源的使用者，又是管理者，而且使用是在科学合理规划的基础上的可持续性利用，管理是本着有利于生物多样性保护和当地社会经济发展两个基本原则进行的，因而，通过社区自然资源共管就使社区从被防范者变成了保护者。

在社区共管中，通过了解当地社区的需求、自然资源使用情况、自然资源使用中的冲突和矛盾以及当地社区社会经济发展的机会和潜力，可以采取多种形式帮助当地社区解决问题，促进其发展，使社区从单纯的生物多样性保护的受害者变成生物多样性保护的共同利益者。从辩证的角度分析，发展和保护是既矛盾又统一的。矛盾表现在微观和短期利益的冲突上，而统一则表现在宏观和长期利益的一致上。

在社区自然资源共管中，应给当地社区提供充分参与生物多样性保护工作的机会。当地社区居民、社会团体、政府机构和其他组织的参与，有助于促进其对生物多样性保护及相关法律政策的了解和认识，增强生态环境意识，这对改变其对生物多样性保护的态度和加强遵纪守法的自觉性是非常必要的。另外，共管式参与能加强保护地同周边社区的联系，为改善其同当地政府之间的关系，提供了很好的机会。

目前，社区共管在我国的自然保护区管理实践方面也取得了一定的成就，积累了丰富的实践经验。学者们对我国社区共管的发展模式进行了总结（王建新等，2006；雷加雨，2009；詹明萍，2006；张佩芳等，2010；王昌海，2010），验证了在保护地周边开展社区共管是协调保护与社区发展的有效手段这一结论。高黎贡山自然保护区通过对当地群众开展环境宣传教育活动和示范村活动，充分提高了农户的环境保护意识，农户自发组织成立了大蒿坪自然村项目共管委员会，直接参与自然保护区和社区森林资源的管理（詹明萍，2006）。福建省武夷山自然保护区与当地社区联合开发丰富的毛竹资源，通过对竹产品的加工增值，实行企业化的经营管理，不但解决了保护区经费困难的问题，而且极大地提高了当地社区居民的经济收入（周灵国，2002）。秦岭地区大熊猫自然保护区的实践检验证明，社区共管是一种适合我国保护区发展特点的“能积极解决发展与保护之间矛盾”的保护管理模式，具有广泛推广的价值（闻速，2006）。

我国社区共管既有实践已经形成了较为完备、可行的自然保护地社区共管体系（图 5-1）。社区管理主体（包括社区、政府、社会组织以及其他利益相关群体）通过制订管理计划、协商话语权，实现利益相关者群体各自利益和保护目标等共同利益的协调和平衡。

社区共管计划实施过程具体如图 5-2 所示。首先是制订管理计划。通过收集相关信息，包括社区需求、保护目标、保护政策制度等，对利益相关者的需求进行分析，选择适合的项目活动，制订项目计划。其次是计划实施。计划制订完成后再组织实施计划。通过社区反馈，明确研究计划，继而按计划组织实施，具体分为共管活动和共管项目，实施过程中对项目进行监测评估，并不断地修订计划，最后实现计划的预期目标。

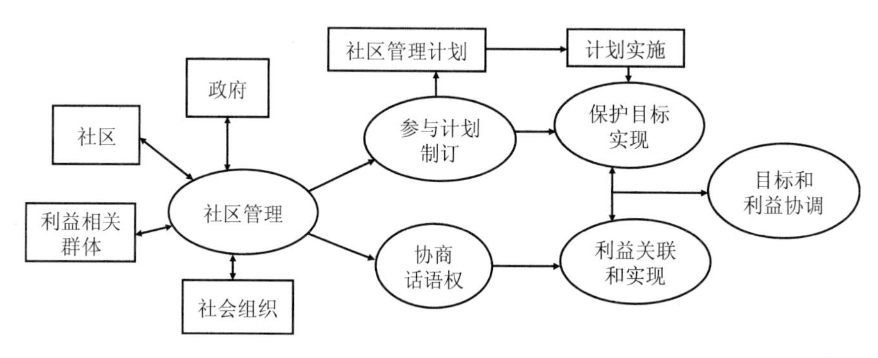

图 5-1　自然保护地社区共管体系

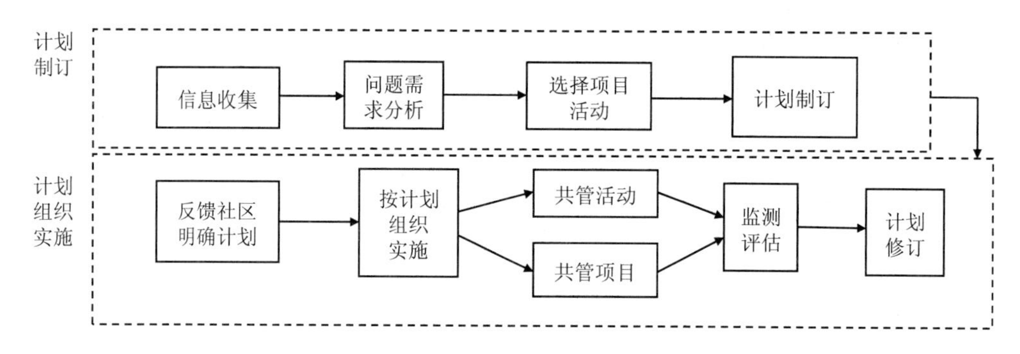

图 5-2　社区共管计划实施过程

5.2.2　开展生态旅游

生态旅游作为一种新型、环保的旅游方式，带来的经济、环境和社会效益也日渐受到人们的重视。作为旅游业实现可持续发展的主要形式，其在世界范围内被广泛研究和实践。在我国，自然保护地旅游从 20 世纪 80 年代开始有所发展，目前已初步形成了以世界遗产地、风景名胜区、森林公园、自然保护区、地质公园、湿地公园、水利风景区及文物保护单位为主要载体的旅游产品体系，全国已建立各级各类自然保护地旅游点近 3000 个，面积约占陆地国土面积的 10%（张昊楠等，2016）。我国自然保护地接待旅游人数也在逐年增加，其中全国各类森林公园游客量的年均增长速度超过 20%（李柏青等，2009）。

发展生态旅游是自然保护地实现可持续发展的一项有效手段（胡志毅和张兆干，2002；何艺玲，2002；刘纬华，2000；李小云等，2006）。研究表明，目前在我国，在科学、合理规划的前提下，生态旅游对保护地自然资源及生境类型的积极影响和消极影响的比对结果显示：保护地开展生态旅游的利大于弊。事实上，生态旅游实施后对保护地的环境影响评估，目前缺乏实证性的系统研究。还值得指出的一点是，就生态影响足迹来看，我国目前的自然保护地旅游与国际通称的生态旅游存在不小的差距，不属于严格意义上生态旅游。

5.2.3　发展绿色经济

发展绿色经济是帮助社区脱贫致富的另一途径。例如，陕西朱鹮自然保护区管理局引导社区农户人工养殖泥鳅、种植绿色大米，为社区带来了可观的经济效益（张跃明等，2006）。黑龙江扎龙自然保护区同样引入了社区参与机制来缓解保护区与社区的矛盾，特别是引进人工饲养鹌鹑等项目，取得了一定的效果。自然保护区应是社会—经济—自然的联合体，不能为保护而保护，必须为社会提供效益。要正确处理好保护与开发的关系，在保证自然保护目标得以实施的前提下，利用保护地的资源优势，进行合法合理的资源使用，把生态环境保护与当地社区居民脱贫结合起来，帮助社区居民脱贫致富，力求自然资源能可持续发展，以便达到永续利用的目的（王昌海，2010）。

5.3　国家公园建设伴生的新问题

5.3.1　国家公园建设涉及大量生计方式单一的人口

就自然保护地社区居民而言，我国与国外任何国家都没有很高的相似度。我国历史悠久，人口密度大，相当一部分人口生活在目前各类保护地管理范围内，没有人类居住和活动的自然保护地很少，没有人烟的荒野区域也不多，多数地方，包括自然保护地及其周边地区都有长期或短期的人类活动。建立国家公园不可能大规模地进行移民搬迁。因此，保障和提高当地（国家公园内及其周边地区）居民的利益，让其参与国家公园的治理与管护，为其寻找替代生计来源是建立国家公园体制和完善我国自然保护地体系、实现有效管理的可行途径之一。建议根据自然资源权属和资源利用历史传统，为社区提供充分参与国家公园规划设计、管理方案制订和实施，以及利益分配方案协商和决策的机会及权益，切实保障当地社区居民的切身利益。

5.3.2　国家公园范围内土地权属不清等纠纷增多且更加繁杂

我国自然保护地建设初期，并没有过多地考虑社区的利益。随着自然保护地的建设和发展，很多保护地面临久而未决的土地权属、区内居民生计资源供给等问题都演化为历史遗留问题。多年来，自然保护管理机构解决了部分保护过程中的纠纷，但并没有从根本上解决社区对保护地资源的依赖，周边社区居民进入保护地砍伐薪柴、偷猎野生动物以及采摘珍稀植物等一系列违反保护地管理规定和政策的行为屡禁不止。国家公园建立后，涉及的自然保护地更多，同时原本位于保护区之外的土地被大量划入国家公园范围，因此将有更多的集体土地牵涉其中，土地权属情况会进一步复杂，区内原有历史遗留问题未消，又添新的土地纠纷。

5.3.3　利益相关者众多，各方利益难以协调

社区是建设国家公园过程中不可避免的重要方面，这在国外国家公园实践中已有教训和经验。从我国自然保护地建设经验来看，其利益相关者包括社区居民、当地各级政府职能部门、商业团体、社会公众、自然保护团体等。国家进行自然保护地建设和管理实质上包括政府和保护地周边社区居民博弈的过程。截至目前，我国自然保护体制仍存在一定的缺陷。就社区利益保障而言，政府不论是在生计还是在生产方面，都没有充分、及时、合理地关注社区利益。大熊猫国家公园试点区这样（跨）区域尺度的国家公园划建模式，野生动物肇事赔偿、生态旅游利益分享等原来属于保护地与周边社区的冲突与矛盾会转化为国家公园内部管理矛盾。同时，随着国家公园空间面积扩大，涉及的周边社区范围增大，社区数量增加，牵扯的利益纠葛会较以前大幅上升，协调沟通的工作量和难度也会相应增加。相应的，需要面对和协调的地方政府及部门的数量也会增加，跨政府部门的协作与合作将成为新的协调重点和难点。

5.4　中国国家公园建设中的保护与社区发展

国家公园的建立需要调动地方积极性。在保护自然资源的原真性和完整性的基础上，如何促进地方社会经济的发展尤为重要。在国家公园建立的过程中，难免会在区内纳入一定数量的社区农户。在我国，自然资源丰富的地区大多位于“老少边穷”地区，

在生态扶贫被视为脱贫攻坚重要手段提出之时，国家公园的建立必然要承担减缓社区贫困的重任。

5.4.1　国家公园的保护政策要化社区“被动保护”为“主动保护”

发达国家的社会经济发展进程与生态保护发展进程相一致，所以是一种内生行为。然而，在发展中国家，这两种进程的发展往往并不一致，相当一部分保护地是在政治或国际压力下仓促建立起来的，因未协调好各方利益关系，自然保护往往在客观上会出现限制保护地内农户以传统方式利用资源的行为，从而引发矛盾，这正是目前我国保护地管理的真实写照。我国当下的保护政策属于传统保护模式，这种模式的特点是管理目标单一，管理体制僵化，适合需要重点保护的区域面积和人口压力不大、经济实力较强的国情条件。这种“抢救式”的保护政策，单方面注重保护总面积的扩大，导致保护政策和管理手段跟不上保护发展的步伐，使许多保护地陷入了管理不力的现实困境。“批而不建、建而不管、管而无力”便是当下许多保护地的现状。随着保护地数量的迅速增加，保护区域的管理目标和功能趋于多元化，应该逐渐发展参与合作型、参与型等可持续发展的保护模式。

在过去，我国“抢救式”的保护政策更多地将农户视为“保护的威胁者”，而忽视了对农户行为背后成因的研究。农户是保护地周边社区的重要行为主体和基本决策单位，同时也是自然资源的利用者和生态保护的执行者。农户行为直接影响生物多样性保护效果，在生物多样性保护中起着重要的作用。因此，辨识影响农户生计行为的因素，有利于保护管理者制定合理的保护政策，减少保护与发展的矛盾，确保资源可持续利用。

国家公园和社区的关系就像跷跷板的两端，一方失衡必然影响另一方。为了摆脱“生态系统退化—贫困陷阱”，兼顾农户生计的保护政策现在越来越受欢迎，如许多国家开始在保护地实施环境服务支付、保护与发展综合项目等。在我国，保护区管理人员也逐渐意识到了过去将农户视为保护直接威胁者、圈地式的严格保护的适用范围有限。许多保护地通过发展项目、技能培训、参与式管理等社区合作模式，提高农户生计水平，减少其对自然资源的依赖，实现保护与发展的统一。自 20 世纪 90 年代以来，社区共管理念在我国开始宣传并试验使用，在有些区域取得了一定的成绩，但并没有在全国范围内推广开来，因为社区共管的落地实施离不开专项资金、人力和技术的支持。国家公园建设必须出台相关措施或者政策，重视和加大对社区发展的人、财、物的投入力度，解决困扰国家公园与社区之间的土地权属、自然资源所有权（包括使用权和收益权）等关乎国家公园和社区长效发展的痼疾症结，调动社区参与、支持、配合和合作管理国家公园的积极性和主动性，变被动保护为主动保护。

5.4.2　减轻社区资源依赖与提升资本可获性：提高国家公园社区生计恢复力

目前，国家公园试点区多分布在边远山区。当地农户对森林产品，如薪柴、药材、植物、食物、牲畜饲料、建筑材料的依赖度较高。自然资源可以帮助农户维持生计、提升生活水平，或增强抵御自然风险的能力。国家公园内的农户，不论是因保护政策干预导致其资源利用受约束，还是因社会经济变革而生计策略发生转变使得他们对自然资源的依赖度呈下降趋势，但实际上他们在一定程度上仍然依赖区内自然资源维持或保证家庭生计水平，特别是贫困农户。在大熊猫国家公园试点区内，项目组调研的贫困农户的薪柴消耗占其能源消费的 51.80%；用于自然资源采集所耗时间占家庭全部劳动时间的 21.12%；自然资源的收益占家庭收入的比例高达 23.51%。

调查数据显示，对自然资源依赖度较高的农户通常家庭财富水平较低，经济增收能力较差。农户对自然资源的高度依赖，一方面会对生态保护产生直接影响，如大量砍伐木材会造成自然栖息地的破坏和水土流失，采挖野生药材和山野菜可能会对野生动物的活动造成干扰；另一方面还会对生态保护产生间接影响。研究区域调研数据表明：农户对资源的依赖度同其保护态度呈负相关，资源依赖度越高，农户保护态度越消极。因此，从长期来看，减缓国家公园周边农户对自然资源的依赖是实现保护与发展协调的关键。目前，在大熊猫国家公园试点区范围内，农村的社会经济发展水平和发展阶段决定了以土地为基础的自然资本仍然是农户赖以生存的基础。国家公园的设立削减了农户的自然资本，必然不利于国家公园内农户的生计发展。农户对自然资源的利用有着历史和现实两方面的原因，不考虑农户生计、严格意义上的纯保护只会让国家公园和社区的矛盾更加剧烈。

结合当前我国自然保护适用条例，从未来国家公园的管理律条来看，我国国家公园将根据区内各区域保护重要性的差异，实行分区管理，做到差异化管理。国家公园事实上大多也是天然林保护工程和生态公益林工程实施区，因此，园内资源利用都会受到约束，农户对国家公园内个人或集体所有自然资本的利用受限。约束国家公园内的资源利用在一定程度上有利于生态系统和生物多样性的保护，约束强的片区在减少生态系统退化方面表现会更佳。资源利用约束会对农户生计造成不利影响，增加农户生计水平的脆弱性，包括减少农户收入来源、影响农户就业和加剧农户非法采集，从而增加国家公园与农户冲突的风险。

随着国家公园的建立及保护力度的加大，社区居民直接依赖自然资源的传统生活方式将受到严重制约。在无配套政策扶持的情况下，社区经济会出现下滑。国家公园内自然资源保护与社区经济发展的冲突将成为不可回避的问题。国家公园建设离不开社区群众的支持和社区经济发展的支撑。只有当国家公园的发展考虑了当地社区群众的利益，并通过产业结构调整，改变原有粗放、不可持续的资源利用方式，才能有效地减轻人为活动对自然资源的破坏，减轻国家公园周边社区对自然资源的依赖度，最终达到保护区与社区共同协调发展的目的。

5.4.3　“动物权”还是“人权”：国家公园的建立需要社区分担保护成本

在现行法律规定之下，野生动植物是被当作人类的财产来看待的。这种财产的管理是为了保护生态环境，其正当性依然取决于人类利益的需要和满足。一种流行的说法是，野生动植物保护是为了生态平衡或者保护环境，这本身就意味着人们意识到了生态系统的重要性，或者意识到了野生动植物具有内在价值。那么扩大保护范围、加大保护力度、提高保护级别似乎就变得理所当然。当全社会都高唱保护赞歌时，似乎很少有人真正关注：到底谁承受了保护的成本？

理论上，国家公园建立后应能最大限度地保护或者恢复区域生态系统、增加或维持生物多样性，那么资源保护就成了限制国家公园周边社区发展的重要因素。一个连温饱还不能保证的人，是没有动力去保护生物的。人最大的利益就是生存。人在本质上是自然的产物，生存的权利与生俱来。由于国家公园的建立，受相关国家政策法规的约束，周边区域居民的生存资源及生存空间会受到影响，他们的生存权必须予以考虑。

野生动植物保护具有典型的正外部性，在全社会受益的同时，国家公园内的居民却承担了最大的保护成本。当野生动物的生存权同周边社区居民的生存权发生冲突时，哪个权利具有优先性？当野生动物保护影响甚至威胁到农户生存权时，谁来为农户的损失埋单？上述假设并非危言耸听。事实上，目前我国保护地内的野生动物对周边农户的庄稼等财产和人身安全的危害日趋严重。国家公园若实施严格有效的保护，园内野生动物的种群数量有望进一步提升，其对园内的居住人员和园外周边社区居民的生命及财产安全的威胁有可能进一步加剧。大熊猫国家公园研究区域内，当地农户因野生动物致害频繁而弃耕的现象已非常普遍。农户辛苦耕种一年的作物，可能会在一夜间被野生动物破坏殆尽。

如果自然资源保护是为了人类的共同发展和整体繁荣，就不应该损害当地社区的利益。国家公园周边社区居民自古以来就过着“靠山吃山，靠水吃水”的生活。我们并不否认保护的意义和重要性，只是当我们在强调保护、关注保护效果的同时，不应该忽视保护最重要的利益相关者——周边社区居民的生计需求和保护成本。据调查，尽管各省都出台了相应的野生动物肇事补偿办法，但往往流于形式，缺乏具体的补偿办法、补偿方案和补偿资金，实际上能获得补偿的农户极少。

野生动物致害只是国家公园与社区矛盾冲突的一种。耕地被占、木材采伐限制、野生植物采集限制等都是国家公园约束社区发展的具体表现。国家公园的保护工作不应如此前保护地管理那般再忽视当地社区居民的利益。在国家公园体制建设之初，国家公园就应从法律、政策、体制、机制设计上考虑如何在限制农户资源利用的同时给予一定的、公正合理的补偿，包括通过开展替代生计项目帮助农户提高生计水平、通过与保险公司合作制订切实有效的野生动物肇事补偿办法和机制等。

5.4.4　利用社会经济发展机遇，实现国家公园内社区可持续生计

在国家公园建设区域，周边农户的生计策略明显地表现为三大类：资源依赖型（对传统农林业高度依赖）、兼业型（生计方式呈现多样化特征）、外出务工型（家庭收入以非农务工收入为主）。

资源依赖型农户呈现出家庭财富水平较低者与保护区冲突更明显的特征。因此，国家公园通过开展替代性生计项目来减缓农户的资源依赖度是今后国家公园社区工作的重点。然而，减缓农户对资源的依赖度并不意味着制止农户对资源的利用。建立国家公园的首要目的是保护自然资源，但保护自然资源不仅仅是政府通过严格的自然资源限制来实现，社区也可通过可持续自然资源利用参与生态保护，这对保护效率的提升、资源的有效保护具有重要作用。因此，对农户资源利用的约束应该是缓慢的、渐进的、保障农户基本生计的，且仅限制那些与国家公园管理目的不相符的自然资源利用。

兼业型农户具有收入多样化的特征。收入多样化能确保农户收入的增加和生活水平的提高，同时也能降低单一生计活动的脆弱性和风险。相较于收入来源单一的农户，收入来源丰富的农户在收入安全方面具有比较优势。国家公园内或周边农户劳动力配置多样化的驱动因素有两个：一是农林业劳动力的边际生产率低于非农部门。为了实现收入均等化，劳动由边际生产率较低的部门向更高的部门配置。二是国家公园对农户资源利用的约束，导致农户从事传统种、养殖业无法维持家庭基本生计。多样化生计能多渠道

增加家庭收入，减缓生计风险和对自然资源的依赖。收入来源更丰富的农户由于面临更高的资源采集机会成本，从而可能会更少地投入到自然资源利用活动中。随着工业化、城镇化进程加快，在生态补偿政策、非农就业机会增加、农林业比较效益下降等因素的共同刺激下，大量的农村劳动人口向非农产业转移，农户收入多样化成为发展中国家的一种普遍现象。国家公园的建立应该充分利用市场机制，通过培训农村（剩余）劳动力、提供替代生计机会等手段，促进农户收入多样化，提高农户生计水平，逐步减缓其对自然资源的依赖。

外出务工型农户对国家公园自然资源的依赖度大幅走低，仅存的依赖趋向传统农耕文化风俗保存所需的资源消耗。随着农村社会人口的变化，农村生产发展与环境的关系不断调整。农村人口的非农化和城镇化是当前我国农村的一个显著特征，也是农户增加家庭收入、减少生计风险的重要策略。目前我国非农就业转移比例非常高，农村 90%以上的劳动力都在城市打工，农业生产只是为了保证家庭的基本口粮供给，家庭收益基本依赖非农收入，农户生计较传统农业生计发生较大转变。我们研究发现：大熊猫国家公园试点区研究区域同样呈现出劳动力，特别是青壮年劳动力大量外移的情况。我们的研究证明了农户的劳动力外移，特别是男性劳动力和壮年女性劳动力的转移会减缓农户对森林资源的依赖。目前我国的城镇化水平刚刚超过 40%。据测算，我国农村劳动力向城镇转移的过程还将持续 20～30 年，因此农村劳动力向城镇地区转移将是今后相当长一段时间内我国人口发展变迁的主旋律。因此，国家公园应该抓住社会经济发展的机遇，促进劳动力的转移，有助于减缓农村人口对自然资源利用的压力（段伟，2016）。国家公园建设应综合国家社会经济发展宏观大势，结合农业、扶贫、绿色经济发展等相关部门有关政策，分步骤、分类型、分区域地安排国家公园内及周边社区的社会经济发展战略和行动方案，避免“一刀切”，要借经济与行业转型之力疏导社区发展需求。

5.4.5　国家公园的建立如何促进社区发展，生态旅游是否是唯一的出路？

虽然在大熊猫国家公园部分区域，生态旅游总体发展呈现出稳中有升的态势，生态旅游收入已成为当地财政收入的主要来源。生态旅游固然可以扶持社区发展，但是同样会增加社区对自然资源的采集和利用，使社区对于保护地自然资源的依赖程度不降反升。随着生态旅游规模的增大，这种附带影响在当前保护地类游憩目的地（含国家公园试点区）逐渐显现，并显著增强，尤其是助长了社区对保护地内山野菜、中草药、天然牧场和薪材的利用。我们在四川王朗和雪宝顶保护地周边社区就观察到这种现象。目前，四川省大量自然保护地的周边开发了以景观游憩和避暑为目的的生态旅游和乡村旅游活动，深受都市居民的欢迎。在气候变化导致全球气候变暖以及极端高温天气增多的情况下，每年 7　9 月，大量城市居民涌入自然保护地周边避暑。为吸引游憩者，当地农户大量采集山野菜、中草药用作食材；增加放牧量，为游憩者提供马匹代步服务或提供散养肉类食材，曾有个别乡镇同时有几万头牛马散放在保护地及周边地区，对那里的草甸以及竹林造成较大的生态影响。国家公园建设如何解决旅游发展带来的负面影响需要格外关注。在这方面，如果能够引入非政府参与的资源使用管理激励机制，科学、合理地限制社区对资源的利用，在制度和管理方法方面将具有创新意义。

我们研究发现，社区发展生态旅游的需求是迫切的，而生态旅游开展带来的收入不平等现象同样也应予以特别关注，防止因国家公园建设进一步加剧导致资源使用不公进一步拉大贫富差距。在生态旅游发展过程中，农户家庭收入大多得到大幅改善，但是农户因经营水平、经营技术参差不齐，生态旅游这一生计手段会进一步加大农户之间和社区之间的贫富差距和资源利用矛盾。例如，在龙溪虹口保护区，从事生态旅游的农户比仅依赖传统农林种植业的农户收入明显要高。因此，如何促进社区共同参与生态旅游，分享受保护生态系统的间接利用价值（如景观游憩价值）带来的经济红利，是国家公园社区生态旅游要给出的模式。目前，有些村级社区已开展了相关实践，如合伙经营农家乐。

国家公园建设在消解生态旅游带来的负面影响时也应考虑传统文化这一因素。在大熊猫国家公园试点区的藏族聚居区，放牧仍是当前藏民主要的收入来源，也是这一民族祖祖辈辈传承的可持续的生活方式。这种传统放牧文化的改变可能会产生“雪崩”式效应，使这一传统生产生活方式不可持续，而且藏民受教育水平有限，外出务工人数很少，在可预见的未来，其对放牧的需求仍将居高不下。

生态旅游还是某些自然景观资源禀赋优质或较好地区解决国家公园建设中保护与发展矛盾的一种手段。在某些交通不便且自然景观资源较差的地区，这一手段不适宜照搬，在国家公园建设过程中需要清醒理智地认识到这一点。

总的来说，四川大熊猫国家公园试点区周边社区发展生态旅游并不是解决保护与发展的万能灵药，只能作为解决部分地区保护与发展矛盾和冲突的一种手段，需要善用。生态旅游的开展，前期需要政府的大量投入，包括基础设施建设、特色景点开发等，这对经济普遍落后的县域来说，政府、社会资本、非政府保护团体的合力支持至关重要。这种支持涉及资金、技术、理念等多个层面，否则盲目地不顾国家公园建设初衷，按常规旅游项目开发生态旅游会对国家公园内具有国家重要性的自然资源造成严重、甚至是不可挽回的负面影响。

5.4.6　多方利益群体参与，实现保护与发展的协调

目前，国家公园试点阶段各项事务往往由政府主导，包括国家公园相关法律制度的出台、总体方案规划的制定。国家公园建设过程中涉及众多利益相关群体，仅仅依靠中央和地方政府的力量难以实现生态保护的可持续性，促进多方利益群体的参与至关重要，尤其是构建非政府组织（NGO）参与机制，实现非政府组织在提升社区生计、促进社区参与、监督利益群体行为等方面的积极作用。目前在大熊猫国家公园试点建设中，非政府组织的参与取得了显著成效，积累了丰富的实践经验，如由山水自然保护中心参与建设的关坝流域自然保护小区，试点管理保护区外的大熊猫栖息地，探索以社区为主导的、创新性的生物多样性保护模式是现有保护模式的有效补充。合作模式是以村庄为管理主体，林业部门为管理指导和协调单位，山水自然保护中心提供技术和前期资金支持，平武县林业发展总公司和木皮乡政府作为资源的权属方通过共管和托管的方式参与管理。在桃花源基金会的支持下，老河沟保护区构建了“生态+发展”双赢的社区生态扶贫模式，借助互联网平台发展生态友好产业，实现农户和市场直接对接，提升社区收入（具体见案例一）。

案例一：老河沟自然保护区大熊猫保护生态扶贫试验

老河沟位于四川省平武县。平武县是我国著名的大熊猫之乡，位于《中国生物多样性保护战略与行动计划》识别出的岷山—横断山北段保护优先区内，具有丰富的生物多样性。该县仍有部分熊猫栖息地位于保护区外，未能得到有效的保护，这其中就包括老河沟。

停伐林场转型保护区

之前，老河沟是一个国有林场，20 世纪 70 年代开始设立，主要以采伐森林为主。1998 年，国家开始实施天然林保护工程，叫停了区内所有的采伐经营活动，国有林场面临极大的保护和发展压力。

老河沟野生动物保护的窘境得到了四川桃花源生态保护基金会的首席科学家王德智等一批科学家和自然保护志愿者的关注。王德智说：“中国已建成 2600 多个不同类型的自然保护区。然而，缺乏保护可持续资金、缺少统一规划以及保护能力不足等因素，极大地制约了自然保护区功能的有效发挥。更何况，还有很多像老河沟一样的地方并没有纳入保护体系”。为此，他建议，可参照国际上较为成熟的方式，由专业的民间公益组织来做自然保护管理。通过两年的调查和沟通，2012 年，基金会与老河沟所在的四川省平武县政府签

订了 50 年的委托管理协议。一年后，老河沟获批成立县级自然保护区。（新华社，2017）

保护与发展：社区协调机制

在获得保护管理权初期，基金会就遇到了难题。当地社区居民世代居住于此，认为这里的山林、河流都属于自己。偷猎和盗采草药是成本最低的赚钱方式，社区居民如果无法过上好日子，谈自然保护就是一句空话。

基于此，2012 年以来，保护区根据老河沟的实际情况，找到了解决方案，并形象地总结为“一管一找”：一方面，组织巡护队，将山门管好，保证偷猎者进不来；另一方面，为附近社区居民找到活路，让他们能够不以牺牲环境为代价创收。

订单农业、生态旅游、生态社区，这是当地社区居民从保护区那里学到的新词汇。在公益组织入驻后不久，民主村就成立了专业合作社——民福农产品合作社。经过基金会以订单的形式销售出去的农产品，要求拿出一定比例的收入用于保护区周边环境治理。

而对于保护区内民主村的居民们来说，最令他们受益的是基金会开展的生态种养项目。保护区指导他们用有机农业的方式进行生产，为他们提供全套严格的操作指南，避免他们施用农药、化肥。对那些符合标准的农产品，会以超过当地市场价的较高价格收购，保证他们的收益。

大熊猫国家公园试点：探索新道路

老河沟在规划之初就分成了核心区、拓展区、实验区，这与大熊猫国家公园的四大功能分区——核心保护区、生态修复区、科普游憩区、传统利用区——极为相似，目的是在保护了区内野生动植物的同时，也让社区得到发展。

在大熊猫国家公园试点方案下发后，乡里的两座矿山全部关停，一些厂矿工人下岗了；不过，结合国家确定的 2020 年脱贫目标，乡里与基金会联手打造生态农业、生态民俗旅游等新兴产业，创造了新的就业机会。目前，基金会已经招募了 10 名导览员，就保护区发展史、如何进行保护和科研、学习物种基础知识等方面进行培训。目前 2 名讲解员和 3 名安全员已合格上岗，负责访客预约、接待、导览服务以及访客区内游览安全，并力争使人类活动对栖息地的干扰降到最低。

在未来大熊猫国家公园这么大面积的土地上和丰富的生态系统下，保护绝对离不开老百姓的支持，只有保护区内的居民得到妥善安置，保护工作才能做好。说到底，我们是要建设人与自然和谐相处的生态系统。

老河沟生态保护区将保护与扶贫结合的经验，得到了四川省林业厅专家的青睐。2017 年，林业厅曾派队来老河沟考察，希望在四川全省开展大熊猫国家公园建设时参考老河沟模式。全省 12%以上区域是自然保护区，要改变“几个人、几只狗守护几座山”的现状，引入公益组织来管理很有必要。

第6章　国家公园资源利用与保护模式选择

《建立国家公园体制总体方案》明确指出，国家公园内实行最严格的保护，除不损害生态系统的原住居民生产生活设施改造和自然观光、科研、教育、旅游外，禁止其他开发建设活动。国家公园区域内不符合保护和规划要求的各类设施、工矿企业等逐步搬离，并建立已设矿业权逐步退出机制。因此，国家公园内的资源利用模式是以生态保护为前提构建的。以此为基础，本章从资源利用模式、社区参与保护模式以及协调机制模式出发，探讨国家公园资源利用与保护模式。其中，资源利用模式主要探讨如何实现生态旅游的生态和经济效应，尤其是对当地社区生计的促进效能；社区参与保护模式主要探讨如何改善社区的保护态度和行为；协调机制模式主要探讨国家公园管理如何实现资源利用与保护的协调。

6.1　资源利用模式：社区生态旅游发展路径

6.1.1　大熊猫国家公园内社区生态旅游参与现状

我国的生态旅游主要在保护区和森林公园等自然保护地内开展。自然保护地与社区地理空间上接壤或（部分）重叠、资源相互交错、利益共存，形成了相互影响的自然生态与社会经济复合系统。作为生态旅游发展的直接承载者，社区居民是当地旅游发展的重要利益相关者，获取收益是其参与生态旅游业的初衷和原动力。这有助于鼓励社区参与开拓以自然保护为驱动的替代生计策略，为其摆脱“贫困陷阱”提供了一条有效途径，可实现保护地在不妨碍自然保护目标实现的大前提下推动周边社区社会经济发展的目标。

保护地发展生态旅游对参与农户的家庭收入增收影响明显。我们对秦岭大熊猫国家公园试点区有关社区农户调查后发现，调查区域内参与社区生态旅游的农户数为220户，占调查总户数的32.69%，户年均生态旅游收入为3.65万元。生态旅游在加大周边社区农户就业机会的同时，还带动社区发展农家乐、开发土特产和旅游纪念品及配套旅游服务等，拉动了相关产业的发展，带来了一定的社会效益和经济效益。目前社区农户参与生态旅游的方式主要包括以下几种：

第一，从事农家乐经营。在秦岭调查区域内，周至县厚畛子有农家乐59户，太白县鹦鸽镇和黄柏塬共有102户，眉县营头镇有10户。为了促进农户积极参与农家乐经营，调查区域的地方政府也采取了一些措施，激励农家乐经营。例如，对开业满一年达到相关经营标准要求的51户农家乐进行以奖代补，每户奖励3000元，共发放奖金15.3万元。当地政府还邀请相关专家开展农家乐厨艺、经营管理、服务标准及导游讲解等相关技能的培训。秦岭调查区域已形成了火烧滩村、柴胡山村、黄柏塬村、核桃坪村及方才关村5个农家乐示范基地。2013年共接待游客29万人次，总收入达1400多万元，生态旅游收入也成为这些村落家庭收入的主要来源（表6-1和表6-2）。

表6-1　秦岭调查区农家乐3个示范村经营状况统计

村名	农家乐设施			从业及接待人数/人		收入情况/万元			
	户数/户	床位/张	就餐/人次	从业人数	接待数量	餐饮	住宿	土特产	小计
柴胡山	13	52	280	52	8600	33.5	2	0.4	35.9
黄柏塬	25	450	2000	105	25000	75	15	30	120
核桃坪	16	245	1000	76	13000	72	6	24	102
合计	54	747	3280	233	46600	180.5	23	54.4	257.9

数据来源：课题组农户调查村级问卷统计。

表6-2　秦岭调查区农家乐5个典型村2013年经济状况统计

指　标	柴胡山	核桃坪	黄柏塬	厚畛子	花儿坪	老县城
全村经济总收入/万元	160	307	361	279.38	775.22	327.31
1．农业收入/万元	20	115	95	15.01	2.01	26.00
2．林业收入/万元	50	0	0	186.76	602.51	58.00
3．畜牧业收入/万元	10	25	35	15.21	15.00	108.00
4．旅游收入/万元	40	62	119	13.01	15.01	12.00
5．外出打工收入/万元	30	75	85	2.31	135.68	60.00
6．其他收入/万元	10	30	27	47.08	5.01	63.31
全年人均纯收入/元	7525	8603	8260	4478	5000	4354

数据来源：课题组农户调查村级问卷统计。

第二，销售旅游商品。主要指当地农户从事土特产品、旅游纪念品和手工艺品的销售。随着生态旅游的发展，秦岭山区的山野菜、野果等特色旅游食品，以及蕴含当地文化的传统手工艺品吸引了许多游客进行消费。旅游特色食品和小商品经营成为这一地区农户参与生态旅游的另一种形式。调查统计数据显示：这类经营规模小，农户易参与，但经营产品的技术含量低、趋同性突出，产品缺乏竞争力，所以经营农户的收益也相对较低，户年均收入为 0.54 万元。

第三，受雇于旅游企业或管理部门。除兴办农家乐和销售旅游商品外，在当地的旅游企业和旅游管理部门就业，从事向导、背工、司机、景区保洁等旅游服务业也是调查区域社区农户参与生态旅游的重要形式。周至县厚畛子镇成立了太白山向导管理协会，每年对向导进行教育培训和资格审核。据统计，厚畛子镇政府在册向导、背工人数达 75 人，主要来自保护地周边的厚畛子、花儿坪等村。背工每人每天可获取 60～100 元的收入，年收入为 4000～8000 元。随着“鳌山—太白县穿越线路”驴友的增多，太白县拐里、塘口村也相继成立了背工向导协会。部分农户还参与了森林公园、保护区或旅游公司的旅游建设项目。

表 6-3　社区农户生态旅游参与类型及收入

主要来源	户数/户	参与率/%	户均收入/万元
农家乐经营	151	22.45	2.64
旅游服务（导游、清洁工、司机等）	35	5.20	2.25
旅游小商品/土特产经营	172	25.56	0.54
旅游征地补贴	62	9.21	3.07
其他	35	5.20	2.42

数据来源：课题组农户调查问卷统计。

从秦岭生态旅游区周边社区农户参与生态旅游业的方式和收益来看，当地农户参与的程度和层次普遍偏低，主要从事非技术性或半技术性的旅游经营活动，参与内容也只涉及经济活动领域，而在生态旅游的规划、管理和相关决策层面极少介入。调查还发现有少部分农户获得了一定数额的生态旅游征地补贴。这种“生态旅游参与”只是一次性获取用地补偿收入，并不足以被看作是社区参与生态旅游的长效方式。严格意义上说，调查地区还未实现真正意义上的“生态旅游社区参与”。农户在生态旅游相关的社会、经济、文化和决策方面存在参与不足和利益受损的现象，通过社区参与提升农户生态旅游效益的驱动力还有待提升。

农户参与生态旅游的驱动力受多因素影响。Heckman 等（1997）认为选择无关变量不会影响最终结果，但遗漏变量会产生严重偏差。选择合适的匹配变量非常关键，其必须既能有效反映农户参与生态旅游的行为以及家庭收入，又不会因为农户参与生态旅游经营而受到影响。选定分析变量后，代入 Logit 模型，计算参与生态旅游倾向得分。本书选择户主年龄、户主性别、民族、受教育程度、是否为村干部、自评健康状况、家庭劳动力人数、家庭负担比、耕地面积、林地面积、离镇市场远近、地理位置作为匹配变量，估算出来的农户参与生态旅游经营倾向得分结果见表 6-4。得分结果表明：户主性别、受教育程度、是否为村干部、自评健康状况、家庭负担比以及耕地面积对农户家庭参与生态旅游经营具有显著性影响。具体来说：（1）女性户主比男性户主参与概率高 4.6 个百分点；（2）户主受教育年限每增加 1 年，参与概率便增加 0.5 个百分点；（3）相比其他农户，担任村干部的户主其参与概率要高 3.7 个百分点；（4）户均耕地面积每增加 1 亩，农户的参与概率便下降 0.1 个百分点。

表 6-4　生态旅游参与倾向 Logit 估计值分析结果

变量	系数	标准差	边际影响
年龄	0.009	0.007	0.001
性别	−0.656***	0.229	−0.046
民族	0.003	0.179	0.001
受教育程度	0.067**	0.027	0.005
是否为村干部	0.529**	0.251	0.037
自评健康状况	0.394***	0.151	0.033
家庭劳动力人数	0.107	0.074	0.007
家庭负担比	−1.269***	0.321	−0.089
耕地面积	−0.018*	0.011	−0.001
林地面积	0.000	0.001	0.000
离镇市场距离	−0.002	0.005	0.000
地理位置	−0.046	0.185	−0.003
常数项	−3.759	0.665	
Log likelihood	−499.976	LR chi2（13）	76.330
Prob＞chi2	0.000	Pseudo R^2	0.071

注：1. *、**、***分别表示 10%、5%和 1%的水平上显著。

2. Log likelihood 表示对数似然值；LR chi2（13）表示自由度为 13 的卡方检验统计量；Prob＞chi2 表示模型无效假设检验对应的 P 值；Pseudo R^2 表示伪 R^2。

6.1.2　社区参与生态旅游的收入效应

众所周知，生态旅游经营对当地农户的收入有影响，但影响程度往往难以准确界定。为此，我们采用了 K 近邻匹配法、半径匹配法和样条匹配法 3 种分析方法对调查区域内生态旅游经营对当地社区家庭收入的处理效应进行了对比性估计。分析结果表明，在家庭人均纯收入方面，使用 K 近邻匹配法得到的处理组平均处理效应（ATT）为 0.186，且在 5%统计水平上显著，而使用半径匹配法和样条匹配法得到的 ATT 分别为 0.210 和 0.213，且都在 1%统计水平上显著。这表明，无论是平均处理效应的估计值还是显著性，3 种匹配方法的分析结果相似，在一定程度上反映了结果的稳定性。这也说明，在消除了参与生态旅游的家庭以及未参与生态旅游家庭可观测异质性导致的显性偏差后，参与生态旅游经营的家庭人均纯收入比其未参与的情形要高 20%左右，但相比于最小二乘法（Ordinary Least Square，OLS）所得估计结果，收入效应减少了 8%左右。这说明传统线性回归模型没有考虑选择性偏差，高估了生态旅游对家庭人均纯收入的处理效应。在人均非农收入方面，使用 K 近邻匹配、半径匹配和样条匹配 3 种估计方法得到的平均处理效应分别为 0.500、0.457 和 0.471，且都在 1%统计水平上显著。这表明 3 种匹配方法估计所得结果均具稳定性，一致说明参与生态旅游经营的家庭非农收入比其未参与的情形要高 47%左右，这比 Heckman 模型的估计结果低 17%左右。诚然，用上述 3 类选定的匹配方法和 Heckman 模型修正的是不同的选择性偏差，估计的收入效应也不同类，从严格意义上来讲，两类结果不具可比性，但两类方法估测结果均表明：在修正选择性偏差后，参与生态旅游经营对家庭非农收入有显著的强正向效应。通常情况下，参与生态旅游经营的家庭一定会有非农收入，而拥有非农收入的家庭则不一定会参与生态旅游经营，这表明 Heckman 修正的选择偏差范围更广，在估计生态旅游经营对农户家庭收入的影响时还存在一定的家庭异质性，而倾向得分匹配的选择性偏差修正更加精确，结果也更加准确（表 6-5）。

表 6-5　生态旅游经营对家庭收入的处理效应

家庭收入	匹配方法	处理组平均处理效应	标准差	*t* 值
人均纯收入	K 近邻匹配	0.186	0.082	2.28**
	半径匹配	0.210	0.078	2.68***
	样条匹配	0.213	0.062	3.41***
人均非农收入	K 近邻匹配	0.500	0.122	4.10***
	半径匹配	0.457	0.102	4.50***
	样条匹配	0.471	0.096	4.74***

注：*、**、***分别表示 10%、5%和 1%的水平上显著。

综上所述，生态旅游经营对农户家庭收入，主要是非农收入提升有一定的贡献，但对家庭人均纯收入的影响有限。大熊猫国家公园试点区有关调研数据表明，在参与生态旅游的农户中，60%左右集中在少数几个生态旅游开发充分的保护地，如九寨沟、唐家河、龙溪虹口、太白山等保护区。农户参与模式往往由政府主导，社区农户被动参与为常见情况。只有少数地理位置好、经营管理水平高的家庭，在经营农家乐中获得了较高的经营收益。很多农户抵制生态旅游的开发，原因在于政府主导的旅游追求经济效益最大化，禁止周边社区对自然资源进行利用，如禁止社区农户在门前屋后种植农作物，只能种植没有收益、但具有观赏价值的树木花卉等景观植物。由此可见，政府及社会可能高估了生态旅游经营对周边社区家庭收入的影响，一味地鼓励社区家庭参与生态旅游经营反而会导致供过于求的局面。社区农户本就受教育程度不足、经营管理水平不高的限制，加上自身财富积累不够，导致参与能力不足，即使勉强参与，也往往不能可持续地经营与获益。此外，生态旅游的负面影响也不可忽视。旅游开发会对生物多样性保护产生一定的负面影响，增大保护难度与不可控制的风险性。旅游开发导致当地物价上涨、社会治安问题增加、不文明的游客行为等都在一定程度上增加了周边社区的生活成本。参与生态旅游经营虽然目前已成为周边社区家庭重要的生计手段，但是现有的生态旅游发展模式并未有效发挥经济利益合理配置、社区参与保护的作用，亟待提升的空间还很大。

6.1.3　社区发展生态旅游路径的思考

生态旅游开发是连接城市与农村的纽带。未来，在城市化发展伴生的环境、人口、交通等一系列弊端不断显现的同时，自然资源丰富、环境优美的特色小镇将受到城市居民的追捧。这种发展趋势会越来越明显。社区在生态旅游发展过程中扮演着重要的角色。他们对生态旅游发展的态度都是积极向上的，虽然不少社区农户对生态旅游的发展过程表示不满，但是对当地开发生态旅游都表示十分地支持。由于缺乏很好的决策参与机制，加之社区参与决策能力不足，在旅游开发过程中往往是政府起主导作用。从当前来看，政府主导的生态旅游开发可以发挥集中力量办大事的优势，这一点毋庸置疑。但是，这种模式的弊端也逐渐显现，如政府主导的生态旅游开发往往会面临开发资金不足、开发进度缓慢等问题。社区在旅游开发过程中也承担了较多的公共事务。以垃圾处理为例，在政府的行政要求下，农户需要负责清理旅游带来的大量垃圾等，清理责任重，村容环境保持费用支出飙升，管理难度大增，当地农户苦不堪言。然而，在推动生态旅游的发展过程中，往往只有极少数的村干部能参与开发决策，但他们不能完全代表广大社区农户的利益，结果出现生态旅游开发拉大贫富差距的现象，产生新的社会矛盾，即社区大多数农户虽因生态旅游而生活条件得以改善，但对比之下仍觉得不满意。成本收益是农户参与生态旅游的主要趋因，而他人在此中的获益表现也会影响其对生态旅游的发展态度。

在肯定生态旅游正向效应的同时，不应忽视其负向效应。在大熊猫国家公园试点区调查时，我们发现生态旅游对当地社区的负向效应集中表现在以下几个方面：

第一，生态旅游产生的利益分配不均。少部分掌握资源的人获取了巨大的利益，而绝大多数农户获益微小，造成社区贫富差距加大。

第二，生态旅游开发多为政府主导。政府主导模式虽然推动了生态旅游的发展，但同时也阻碍了社会资本的进入，造成开发效率低、决策成本高且不合理，公共资源配置不合理且浪费严重，这会进一步加剧利益分配不均。政府在生态旅游发展过程中应该扮演“中间人”的角色，而不是“主导者”，其主要职能应是在生态旅游开发初期，引入资本力量雄厚、开发方案最合理的企业，并承担监督和连接企业与社区之间的桥梁作用。在此角色下，对于企业在生态旅游开发过程中破坏环境、有损社区利益的行为，政府应及时制止。同时，政府也要服务好企业，包括简化生态旅游开发行政审批手续和管理环节，调解企业与社区之间的矛盾等。由于获取信息能力、谈判能力以及资本积累都存在严重不足，社区在生态旅游开发过程中处于弱势地位，在利益博弈过程中往往势单力薄，加之社区居民是有限理性的，内部往往也很难形成统一意见，因此，需要政府进行指导和协调。以生态旅游开发征占用农户土地为例，在协调社区与企业的博弈时，政府一方面要让社区认识到生态旅游发展的长久利益，避免因只注重眼前短期利益而坐地起价，造成“双输”的局面；另一方面要做好失地农户未来替代生计的考量，确保这些农户在失去耕地且林地资源不能利用的局面下，生计要有着落，因为并非所有的农户都能被吸纳到生态旅游经营服务中。对于大部分未能从事或参与生态旅游产业的农户，政府有责任帮助其寻找替代生计。首先，可以考虑将这部分社区农户的替代生计问题纳入企业旅游资源开发合同条款中，约定由企业为其安排替代生计，如在养殖场、景区从事保洁等非农工作。其次，可以考虑由政府优先为这些农户提供（公益性）工作岗位，如护林员工作。最后，政府还应及时对村干部进行政务监督，避免在生态旅游开发过程中出现集体资产流失的情况。

第三，生态旅游开发会破坏环境。在调查区域，生态旅游开发尚处于初级阶段，但对环境的破坏已经不容忽视。在一些准备发展生态旅游的地方，旅游项目开发不完全，对生态环境影响不大；但已对外开放的游憩区域内游客不良的游憩行为（如乱扔垃圾、吸烟）会给森林造成极大的安全隐患。在一些开发完全的生态旅游点，资源过度开发现象严重，在旅游开发过程中体现出的更多的是利用大自然，而不是回归大自然，经济效益凌驾于生态效益之上。

在未来国家公园建设过程中，如何才能最大限度地弱化生态旅游的负面效应，以有效发挥其生计和生态效果，实现保护与发展的协调？根据上述研究结果，我们提出以下政策启示：

（1）生态旅游宜合理规划，扎实推进。在提升社区福祉方面，生态旅游确实能达到事半功倍的效果，但不能操之过急，合理的规划、论证、多方利益群体充分参与、决策等都必不可少。国家公园内部或周边社区家庭参与生态旅游能提高家庭收入，特别是非农收入，但是社区的参与能力存在明显的不足，这需要政府积极探索不同的生态旅游开发模式，除政府主导模式外，应探索示范其他模式，如对口帮扶模式、联合开发模式等，创建更多有利于社区参与的生态旅游可持续发展模式，激发社区参与生态建设与生态旅游发展的热情，达到生态旅游开发与社区扶贫联动、互促发展的目的。

（2）生态旅游成为支柱生计方式尚需赋予当地社区足够的自主权和决策权。现阶段，生态旅游经营还不足以成为社区家庭的可持续生计，其产生的收入效应有限，潜力有待开发。生态旅游相关经营管理培训、优惠鼓励政策固然对农户提升参与能力很重要，但不能改变农户被动参与以及参与后在群体中处于弱势地位的现实。只有让周边社区家庭参与到生态旅游经营的管理和决策工作中，使其在生态旅游管理中拥有自主权和决定权，才能真正使周边社区获益，改变现有收益分配不均、参与不足的现状。

（3）政府应建立社区生态旅游参与的外部约束机制。政府需要合理规划地方生态旅游产业的发展，客观认识由于制度、经济发展水平以及参与能力等的局限性导致社区参与不足和利益实现不充分的问题，建立生态旅游参与的外部约束机制，确保周边社区在农家乐经营、旅游商品生产销售等生态旅游相关经营活动中的参与优先权，公平合理地保障周边社区在生态旅游开发中的利益。

（4）经济发展不能靠生态旅游业“一枝独大”，需多点支撑。生态旅游与当地地区经济实力水平有较强的关联性。生态旅游开发和经营能显著促进地区经济增长，但我们也应该认识到生态旅游对经营方式和经营规模有一定的要求和限制，在条件不具备时，生态旅游不可能成为带动地区经济发展的龙头产业。如果将地区经济发展的希望主要甚至全部寄托在生态旅游的开发和经营上，就会扭曲其原本应同时兼顾生态和环保的初衷，最终会适得其反。因此，在决策化和制度化区域经济发展整体战略时，必须要将生态旅游业和其他产业结合起来，统筹考虑。

6.2　社区参与保护模式

6.2.1　社区参与保护现状

社区对自然保护地建设的态度影响着社区参与保护的深度和广度。在大熊猫国家公园试点区，我们对受访农户对自然保护地建设的满意度和保护态度进行了调查。经综合分析调查结果，农户秉持的态度情况如图 6-1 和图 6-2 所示。

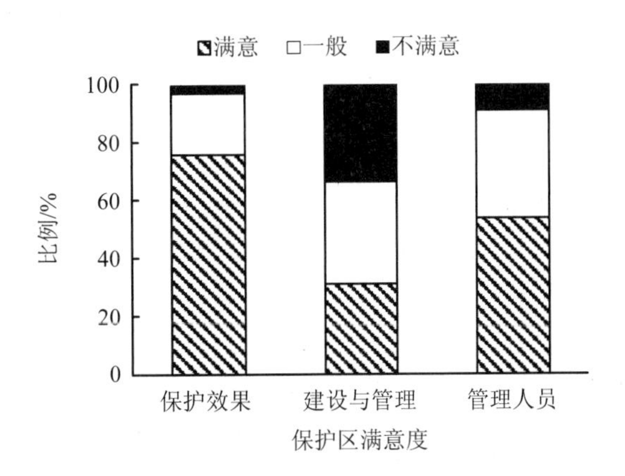

图 6-1　农户对保护区满意度综合分析

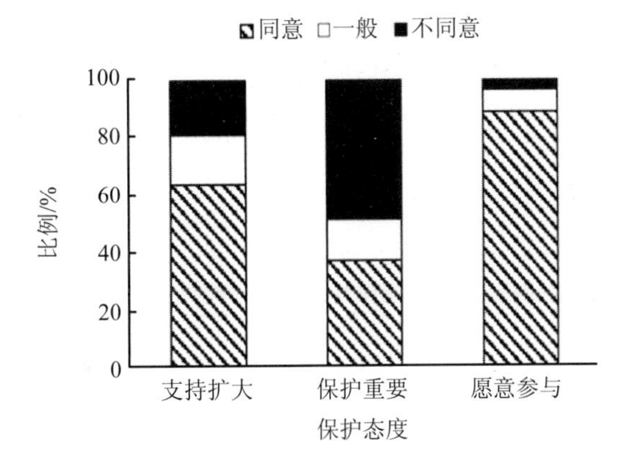

图 6-2　农户保护态度综合分析

就保护区满意度而言，农户对保护效果的满意度最高，76.1%的受访农户的评价结果为“感到满意”，不满意的农户仅占 21.3%；对保护区管理人员的满意度次之，54.0%的受访农户的评价结果为“感到满意”，不满意的只占到 8.6%。农户对保护区建设与管理的满意度评价在三项调查内容中垫底，只有 31.6%的受访农户“感到满意”，33.2%的受访户“感到不满意”。进一步分析原因发现，农户对自然保护地建设不满意主要是因为野生动物肇事，破坏农作物和攻击人畜。70.2%的受访户因野生动物肇事蒙受损失，47.5%的农户年均损失达 1000 元，且只有 13.5%的农户得到部分肇事补偿，农户净受损严重。

就农户保护态度而言，农户参与保护野生动植物的态度积极。88.9%的农户愿意参与保护野生动植物，只有 3.6%的农户不愿意参与。63.7%的农户支持保护区扩大面积，只有 19.2%的农户持反对意见。当问及“生态保护是否比经济发展更重要”时，只有 37.4%的受访农户表示赞同，48.5%的农户认为经济发展更重要。进一步对保护态度不积极的农户进行分析，结果显示，野生动物肇事是导致农户保护态度不积极的主要原因，这与王昌海（2014）和 Allendorf 等（2007）的研究结论不谋而合。野生动物破坏农作物而没有经济补偿或补偿金额很少是导致农户缺乏保护积极性和主动性的关键因素（马奔等，2017）。

6.2.2　社区参与机制

国家公园这一理念经过 100 多年的发展，已被越来越多的国家接受，并根据各国自身条件建立了自己的国家公园系统。我国也正在建立国家公园体系，目前处于试点阶段。试点范围内居民众多，在规划初期就应该将社区居民参与方式纳入国家公园体制规划系统，根据上述分析，提出以下建议。

（1）根据国家公园发展所处不同时期，及时调整社区居民的参与方式。结合我国国家公园（试点区）多处于经济欠发达西部地区的现状，在建设之初应该采用政府主导型的管理模式，吸取少数优秀居民参与管理，鼓励部分居民进行旅游接待，并提供政策性资助。随着国家公园建设的不断发展，国家应该逐步放宽管理政策，鼓励企业和非政府组织参与。

（2）重视社区居民利益的协调和生计的解决。在利益受影响的居民生计问题未解决之前，不宜在国家公园划建之初就直接收购社区居民的土地，直接夺取他们的生计渠道，而要引导他们进行生态旅游接待，参与自然资源保护，并提供一定的资金帮助。利益分配应偏重社区居民，保障居民生计。通过逐渐发展，吸引他们从各个渠道参与国家公园管理，如担任国家公园导游、设施修建和维护人员、管理人员等，逐步引导他们改良求生渠道，提高家庭收入。在后期发展较好的阶段，若由旅游企业主导自然资源开发，居民应在合理的利益分配机制下享有相应的利益配额。

（3）开展社区居民的教育。让社区居民免费接受导游、服务接待、自然生态教育和保护措施等相关技能的培训。

6.2.3　社区共管机制

社区共管作为一种强调社区参与的管理模式，被学界认为是解决资源保护难题的有效手段之一。全球环境基金（GEF）于 1995—2002 年实施了中国自然保护区管理项目，通过将当地社区纳入自然保护区日常管理（社区共管），有效地提升了保护管理效率，减缓了周边社区过度利用自然资源所带来的保护与发展间的矛盾和冲突（国家林业局野生动植物保护司，2002；杨莉菲等，2010）。社区共管机制若需有效发挥作用，必须具备以下条件：

一是制定科学且符合当地实际情况的共管运行机制。在认真研究社区共管产生背景的基础上，根据国家公园及周边社区的实际情况对引进的社区共管的定义和范围进行适当地调整。此外，需要在共管组织中对共管各方的权限进行科学的分配，把责任和利益结合起来，并通过合同、契约的形式加以约定。国家公园管理机构应将共管活动纳入其整体规划及管理工作中，对共管工作人员进行业务培训并加以适当的激励，加强与政府部门间的沟通，及时总结共管经验和成效，建立有效的反馈机制，为决策提供科学依据。

二是完善国家公园内资源产权制度，实现责、权、利的统一。进一步登记明确国家公园周边社区自然资源的权属，确保社区居民应得利益不受损。

三是坚持社区共管的有限主体。在广泛参与的基础上，根据“社区共管促进生物多样性保护”这一总体目标，制定社区共管的目标及共管主体的识别标准，识别与目标的实现联系紧密的利益相关者，确定共管主体，构建共管框架，以保障社区共管机制的运作。参与式社区共管应避免利益相关者过多，避免形式化。管理部门还应兼顾社区利益，采用经济激励和非经济激励结合的方法，为社区提供信息服务和就业机会，让社区在国家公园管理计划、管理规章制定等事务中享有参与讨论及决策的权利，提高社区居民的主体地位，促进其参与共管的积极性。

四是积极协调好国家公园管理机构的职能与社区经济发展的关系。国家公园管理机构的性质决定了其不是也不可能成为社区综合发展机构，社区经济的长期发展，必须依靠地方政府及其相关职能部门。因此，应在国家公园所涉社区发展项目的设计早期阶段就突出地方政府的主导地位，同时强调国家公园管理机构在自然资源可持续经营管理中的作用，以保证社区经济和生物多样性保护都得以长足发展。

6.2.4 社区生态补偿机制

若国家公园内生态补偿机制不合理，将导致保护与发展冲突不断加剧，制约国家公园的可持续发展。为优化补偿机制，应通过更新保护管理理念和加强保护管理能力，建立科学补偿标准，完善补偿对象，拓展生态补偿投入渠道，健全补偿工作程序（斯萍等，2015）。

1. 建立科学补偿标准

科学制定补偿标准是解决国家公园内资源管理冲突的一项基础性工作。应在吸纳社区群众参与的基础上，对自然资源开展收益与成本分析，确定资源的经济价值及其收益，作为制定补偿标准的科学依据。科学补偿标准的设立也应考虑国家公园内资源收益实现的限制程度。对纳入核心区的自然资源，原则上禁止任何利用，应设定更高的补偿标准；而对纳入其他功能区的自然资源，受限制的程度应有所降低，设定的补偿标准应相应较低。为使补偿工作易于操作，首先，可根据经济价值、资源状况对自然资源进行分级，确定每级的补偿标准；其次，根据资源使用受限制的程度，确定补偿权重；最后，综合上述两方面因素，确定自然资源的具体补偿标准。

2. 拓宽生态补偿资金来源渠道

拓宽生态补偿资金来源渠道是创新国家公园管理手段和解决国家公园自然资源管理问题的措施保障，这需要完善社会参与机制和市场机制。就国家公园面临的社区贫困与落后会制约国家公园可持续发展这一现实问题，可利用新闻媒体向公众报道，呼吁全社会的关注和参与。具体措施包括：（1）基于公众对国家公园内森林应对气候变化功能的认知，寻求与“中国绿色碳汇基金会”等保护组织的合作，将国家公园内集体林纳入碳汇林建设范畴，利用碳汇基金实现集体林的资源更新、保护管理、生态补偿等工作。（2）基于国家公园拥有的良好声誉，探索建立生态品牌有效使用机制，与经认证的绿色产品制造企业合作，许可企业有偿使用国家公园名称，推动实现生态品牌的经济价值，并将企业缴纳的使用费用于弥补生态补偿金缺口。（3）国家公园还可以尝试发行自然资源补偿生态彩票，接受公益捐赠，实现补偿资金来源渠道的多元化。

3. 健全补偿工作程序

健全补偿工作程序，应促使补偿金发放等补偿工作规范化，提高补偿资金使用效率。国家公园内补偿对象应具体到农户层面。对于将补偿金直接发放给农户的，可借鉴浙江省庆元县“林权智能卡”的做法，为每个农户设立独立的补偿账户，配备智能卡，记载补偿的集体林范围、森林资源状况、补偿标准、补偿期限、补偿依据等关键信息，并通过与金融部门合作，将补偿金直接打入农户的补偿账户，可利用智能卡办理资金存取业务。对于将补偿金发放给集体经济组织的，须完备组织成员的书面同意材料，确保作为组织成员的农户成为真正的受益方。为确保补偿资金发放公开、公平和公正，在关键信息采集和资金发放环节，应建立公示机制，接受广大农户的监督。

6.2.5 社区参与生态保护的思考

我国是一个发展中的人口大国，社会经济发展对资源和环境造成的压力越来越大。如何解决好发展与保护的关系，实现资源和环境可持续利用基础上的可持续发展，将是我国今后面临的一个世纪性的挑战。在现实国情条件下，生态保护必须在社区发展和保护相协调的范围内寻找存在和发展的空间。在我国，以往在生态保护中采取的主要措施是应用政策和法律的手段，并通过保护机构进行强制性保护。不可否认，这种保护模式对现有保护地的保护起到了积极的推动作用，也是今后应长期采用的一种保护模式。但是，通过保护机构进行强制性保护存在两个较大的问题：一是成本较高。自然保护地的建立需要国家投入大量资金，日常的运行和管理费用也需要持续注入大量资金加以维系。在国民经济发展水平还较低的情况下，大范围的强制性保护将受到经济有限发展的强有力的制约。在这种情况下，应更多地调动社会力量，特别是自然保护地周边社区对保护工作的参与，只有这样才能使生态保护成为一种社会行为，取得广泛和长期的效果。二是强制性保护使自然保护地与社区发展的矛盾进一步激化。强制保护将自然保护地所在社区作为主要干扰和破坏因素，而社区也视生态保护为阻碍社区经济发展的主要制约因素，矛盾的焦点就是自然资源的保护与利用。可以说，生态保护是为了国家乃至人类长远利益的伟大事业，是无可非议的，而社区发展是社区的正当权利，也是无可指责的。目前，强制性保护无法协调和解决保护与发展的基本矛盾。因此，采取有效措施促进区域可持续发展，鼓励社区参与生态保护工作并使之受益，使生态保护与社区发展相互协调将是今后我国自然生态保护的主要发展方向。这是将自然生态保护的长期利益与短期利益、局部利益与整体利益有机地结合的最好形式，是可持续发展的具体体现。

6.3 协调机制模式：如何实现资源利用与保护的协调

国家公园内社区的可持续发展，作为生态环境建设和实现国民经济可持续发展战略的重要组成部分，首先，应该在立法上体现对农户生计的重视，如补偿农户因资源限制使用或野生动物肇事造成的损失，补偿规定须明确、具体，否则将沦为形式；其次，国家在国家公园投入经费来源中，应明确列入一项科目，即社区发展科目，专款专用，加大对国家公园内及周边社区的投入，帮助农户发展替代生计，缓解其资源利用压力；再次，应该整合国家各部委同类预算项目和资金，形成合力，综合投入国家公园周边社区生态治理及扶贫中，全面提高农户生计水平；最后，国家公园应该设立社区发展科，专门对接社区发展工作。

为了更好地解决国家公园与社区的矛盾冲突，除了要依照保护与发展相协调的理论思想，建立人与自然和谐共生相处的约束机制、多方管理的运行机制外，还必须注重建立一个实质性的社区共管机制，保证协调机制的运行（图 6-3）。

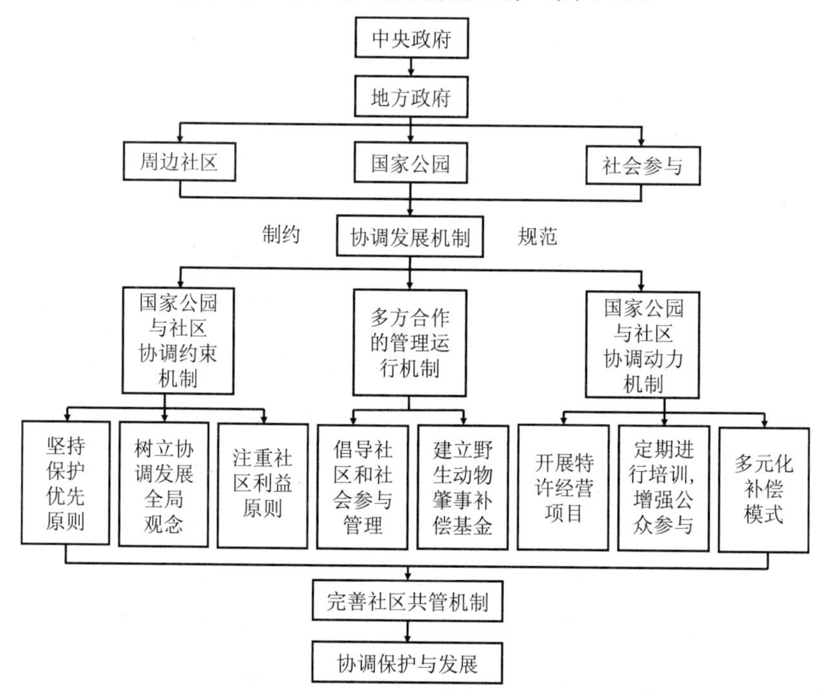

图 6-3 保护与发展协调机制构建

6.3.1　国家公园协调发展的约束机制

在可持续发展的视角下，保护环境、人类福祉与社会经济三者具有同等地位，保证三者的和谐统一是协调发展机制建立的前提。因此，本书认为要坚持寻求“在保护中发展，在发展中保护”的道路。在不断发展的过程中，树立正确的价值观，同时利用法律与制度建立约束机制。

生态保护与经济发展一直是人们关注的热点话题。要严格执行国家公园的管理条例在一定程度上会阻碍社区经济的发展，而要发展社区经济就必然会给生态环境造成一定的威胁，保护与发展看似是不可调和的。事实上，要解决两者的矛盾并不困难，最重要的是要在保护与发展中权衡利弊。从现状来看，保护与发展两者关系的普遍状况是经济发展步伐过快，忽略了生态保护。因此，在处理国家公园的管理工作时，要时刻谨记以保护为主，任何决策都不能打破生态的平衡。但同时也不能忽视社区的经济发展，要保证社区居民的生活水平不受大的影响。绝对不能只注重保护而忽视社区的发展，否则只会使矛盾进一步加深。

我国国情与国外任何国家都不完全相似，最重要的一点是我国人口密度大，相当一部分人口处在国家公园管理范围内。我国自然保护地建设初期，并没有过多地考虑社区的利益，很多土地权属问题、生计资源供给问题等都逐渐成了历史遗留问题。随着多年自然保护地管理工作的开展，大熊猫保护地以及相似的重点保护区解决了保护过程中的部分纠纷，但并没有从根本上解决社区对保护地资源的依赖，也在一定程度上“默许”了周边社区居民进入保护地，从事砍伐薪柴、偷猎野生动物以及采摘珍稀植物等一系列破坏行为。究其原因，还是我国自然保护体制存在一些问题，导致保护地管理部门和地方政府没能及时从生计和生产角度关注社区的利益。例如，自然保护区动物损害农户种植的庄稼，保护区管理机构认为按照《自然保护区条例》应该由当地政府负责赔偿，而当地政府则认为应该由自然保护区管理局负责赔付，双方互相推诿避责。

一个具有可行性的协调发展机制必须是一个完整的管理系统，即该系统中的各个组织部分是完整的（图 6-4）。因此，必须要树立全局观念，立足于整体，要统筹全局，才能站在整体的高度处理问题，寻求最优目标。在协调发展机制建设中，要认识到共管是一个大的整体，各利益群体都是这个机制的组成部分。构建保护与发展的协调机制应该考虑整体利益，社区农户和国家公园管理者都是重要的参与者以及政策的执行者。国家公园带给当地社区居民一定的利益，当地居民主动参与保护，应该按这种理想的发展模式构建出具有中国特色的国家公园协调发展运行机制。当利益群体之间发生冲突时，要以机制整体良好发展为解决问题的前提。任何决策都应以机制中的整体利益为主，因为只有保证整体功能得以最大限度发挥，提高整体的统筹能力，才能使各部分的权益得以保障，真正实现保护与发展的协调。

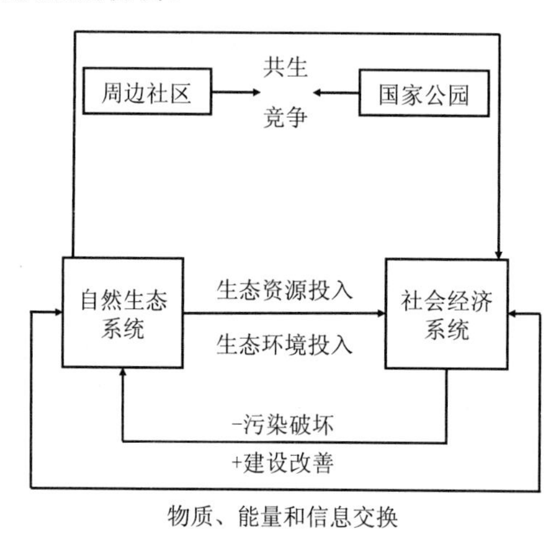

图 6-4　国家公园与周边社区形成的复合系统

同时也不能忽视部分的作用，必须做好局部发展，保证整体功能能够得到最大限度的发挥，用局部的发展来带动整体的发展。部分是整体中的一环，甚至是关键一环，它依赖于整体，不能脱离整体而单独存在，不能忽视部分具有的特殊性，要注重强弱的公平，适当地给予弱者以利益的让渡。协调机制中的各个组成部分都应该得到重视，必须重视每个利益体的作用。因为只有使每个群体得到发展，才能够保证整个机制的良好运行。对机制中较为薄弱的环节，要集中更大的管理力量，不可忽视任何一个环节可能出现的问题。保护与社区发展是一项集体受益的管理活动，所有利益群体都是整体的一个组成部分，每一个利益群体所提出的意见都必须考虑。

6.3.2　多方合作的管理运行机制

在国家公园内资源利用过度的问题上，为增加各利益方之间的相互沟通与协作，在国家公园解决保护与发展的工作中，需要建立一个组织，由其本着“责、权、利相平衡”的原则，作为能够独立于任何利益群体的“中立者”，发挥协调、综合保护与发展的作用。

国家公园与社区协调发展主要涉及两类享有不同利益的群体，即保护方和发展方。

其中，保护方主要包括国家公园管理局、县林业局、县政府；发展方多为社区居民、乡政府。协调和博弈两方利益时，可以引入企业参与社区的管理，利用市场模式，建立多方管理运行机制。为保证利益分配结果公平并带动博弈方在社区共管活动中的积极性，就需要给予弱者更多利益，这在组织建立过程中表现为合理分配参与人员的比重。该组织的建立需要保证各博弈方在组织中的公平。只有先保证组织内部的公平合理，才能发挥其在共管工作中的协调作用。

重视社区参与，就是激发公众参与建设管理的积极性，如参与生态旅游。就目前我国保护地游憩行为来看，仅仅是一种休闲的旅游行为，到访者并没有得到生态环境保护的教育。这一现象至少反映了两个问题：一是社区居民没有自觉地把自然保护的理念传递给游客；二是他们缺乏主动参与保护地的建设与发展的意愿。我国生态文明体制的构建，离不开社区的积极参与，应该培育公众的生态文明自醒意识，倡导社区的生态文明自觉行为，建立有利于生态文明的运行机制。倡导社区参与国家公园等保护地建设，一是要制订科学的发展路径；二是要进行广泛宣传，利用互联网以及多媒体，向社区宣传保护理念。因此，保障公众对保护地建设管理的知情权、监督权和参与权，是构建多方管理运行机制的充分条件。

以往自然保护地的协调发展方式往往是“平行式”的，也就是活动方式较为独立，各个环节不能互相衔接，导致国家相关政策规定落实难或者落实不到位。以野生动物肇事补偿为例，因缺乏成文的经济补偿标准等，地方政府并没有完全按照国家或地方适用管理规定对农户受损情况进行补偿。因此，国家层面需要引入第三方，建立多方合作、系统化的野生动物肇事补偿基金。国家还应将野生动物肇事补偿有关规定纳入野生动物国家保护计划中，并设立相应的补偿基金。资金筹集渠道可包括国家财政特殊经费、区域财政转移支付、国际组织赞助等。

针对野生动物肇事中出现的问题，由基金管理机构对出现的问题进行实地调查和评估，经过内部讨论按矛盾轻重缓急，制订相应的解决方案（图 6-5）。方案实施过程中需及时对实施情况进行考核，并根据考核结果适时调整方案和实施进度。

除为野生动物肇事提供经济补偿资金外，该基金如果能为当地社区提供一定的发展资金，支持他们改善生产生活条件，也会对野生动物保护起到至关重要的作用。国家政策落实的情况会落后于国家的政策目标，这是普遍的认知。那么如何协调保护与发展，建立健全野生动物肇事补偿机制，这是目前保护与发展运行机制的建立和保护事业能否可持续发展的关键内容之一。

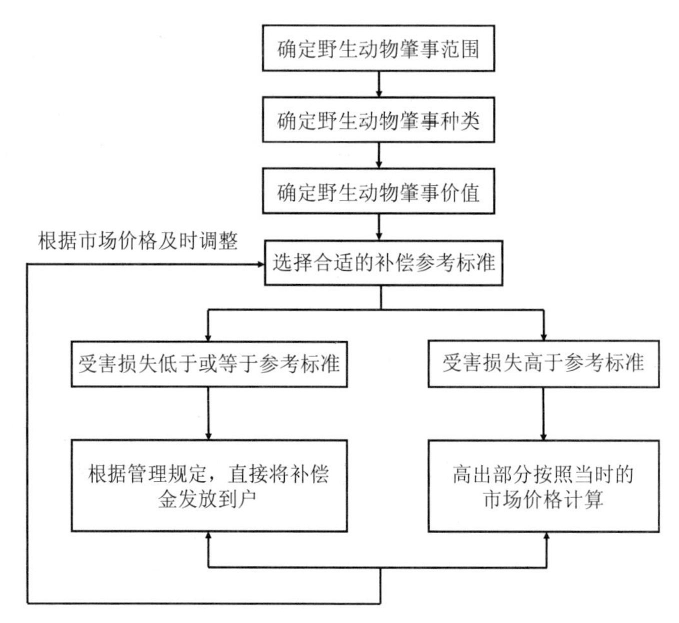

图 6-5　野生动物肇事基金操作流程示意

6.3.3　国家公园协调发展的动力机制

在保护与发展协调机制的建设过程中，除体系的建设外，还需要在制度与政策上构建起约束机制，也就是协调机制的“软环境”建设，包括利益驱动、政令推动。

探索有效的国家公园周边社区保护与发展联动模式对提升国家公园周边社区农户的保护态度至关重要。多元化的补偿模式有助于调动社区居民参与保护的主动性，有无经济补偿对国家公园农户的保护态度有显著的影响，这也说明经济补偿的重要性。生态补偿模式是国外发展较成熟的一种经济补偿做法，也是缓解生态保护与社区矛盾的有效方法。目前，这种模式在国内还处于起步和摸索阶段。该模式需要考虑利益主体的受偿意愿和支付能力，需加强绿色农业的相关培训和技术支持，鼓励农户采用环境友好型的生产方式，进而减轻受保护生态环境的负荷，构建激励制度，从而保证有利可寻，用奖励代替惩罚，推进生态补偿工作的开展。除现金方式发放补偿资金外，还可以考虑增加补偿方式的多元化，通过建立替代生计项目、引导非农产业发展等手段帮助当地社区，尤其是以务农为主的中老年群体，转变传统生计方式，增加家庭人均年收入，同时强化生态保护宣传教育，减少人类活动对生态的威胁，激励社区居民自发解决矛盾纠纷，创造协调发展的氛围，这有助于督促国家公园加大协调机制的宣传力度，更有助于社区与国家公园之间的和谐发展。因此，本书提议构建的国家公园多元化生态补偿模式如图 6-6 所示。

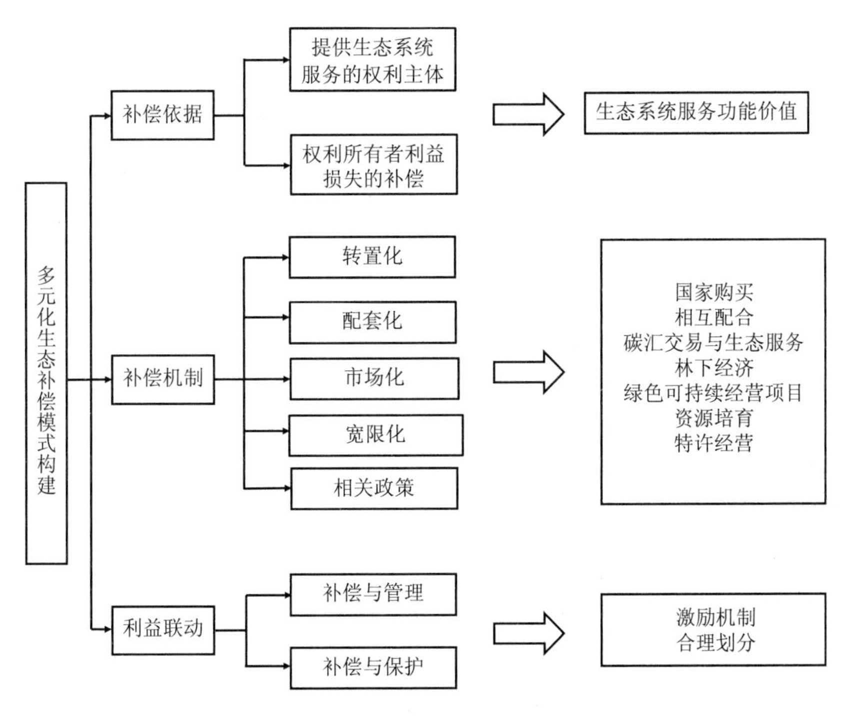

图 6-6　多元化生态补偿模式构建

国家公园带给当地社区居民一定的利益，当地居民主动参与保护，这应该是理想的发展模式。鉴于地方政府在生态旅游开发和经营中获得较大收益，政府应当利用资源管理方面的税费支持社区群众参与生态旅游，在政策审批上要为生态旅游地区居民提供开办产业经营活动的便利条件。

国家公园管理机构应考虑建立国家公园生态旅游活动特许经营模式（图 6-7），统一协调国家公园内相关游憩项目的建设、景点开发、旅游组织及收益分配等工作，并制订详细的实施细则。在统一指导下，协调各利益相关者的矛盾冲突，定期探讨生态旅游开发规划和实施情况，共同商榷冲突矛盾解决办法。总之，当地社区居民是建设和管理国家公园的重要参与者以及政策的执行者，构建保护与发展的协调机制应该认真考虑和公平保障当地社区居民的利益。

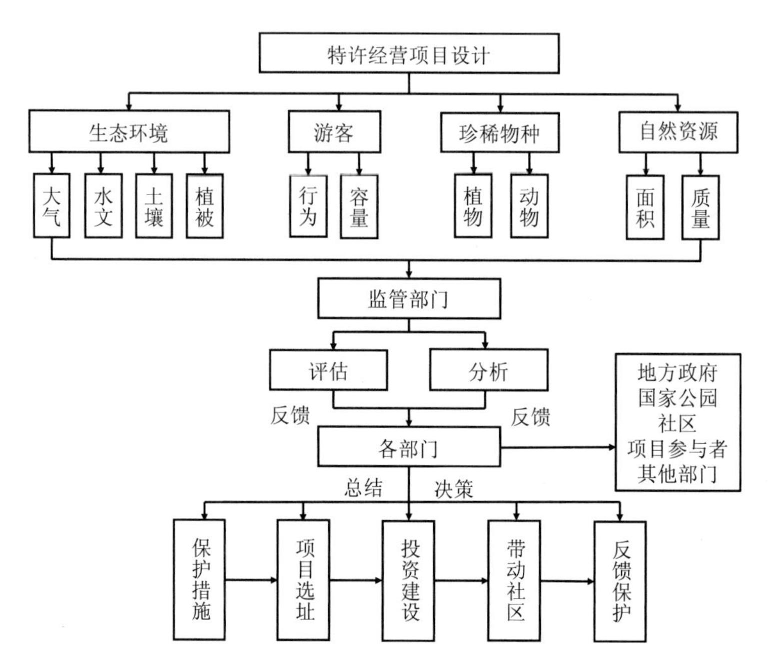

图 6-7　国家公园特许经营项目设计流程

第 7 章　国家公园建设与社会经济协调发展的政策建议

国家公园将非物质性的生态服务与直接经济价值结合（钟林生等，2016），不仅对经济发展产生影响，而且对整个国家、地区及当地的社会、文化以及人类身心健康具有重要作用和价值。国家公园的价值蕴含在其自然资源提供的生态服务价值中，包括直接利用价值、间接利用价值和可选择价值（即可能的利用价值）。协调国家公园保护与利用，是国家公园管理局的核心事务之一，更是国家公园所在地区利益博弈的焦点所在。

目前，我国大陆地区国家公园的建设刚刚启动，仍处于起步阶段，尚未形成完善的国家公园管理体制。协调保护与区域发展的核心是协调国家公园建设与地方发展的关系；重要手段是生态利用、绿色发展；解决问题的关键在于理清相关利益者的主体责任、义务，明确各方关系，理顺管理机制，探索区域经济生态发展新道路。保护与发展的矛盾冲突在区域社会经济可持续发展和自然保护地生态经济系统可持续发展中普遍存在着利益冲突，如何通过政策等管理手段调整利益关系、协调发展和保护的矛盾是我国生物多样性保护面临的最严峻的挑战。综合前面各章内容，本章从国家、区域和社区 3 个层面给出协调国家公园保护与区域发展的政策建议。

7.1　国家层面

7.1.1　转变政府观念，中央承担国家公园建设主体责任

中央政府作为国家公园的直接管理者，主要使命是保护自然和人文历史资源，为当代和后代提供科研、教育、游憩、感受和激发灵感的场所。在我国当前市场经济条件下，为减缓国家财政压力，国家公园内不可避免地会出现商业活动，但不能盲目追求经济效

益，本末倒置地靠旅游为部门来创收（吕小娟，2011）。如果我国想建立真正意义上的国家公园，首先政府必须转变以往经济优先的观念，处理好保护与利用的关系，建设管理服务型政府。必须坚持以生态环境和自然资源保护为前提，以适度旅游开发为基本策略，通过较小范围的适度利用来实现大范围的有效保护，使国家公园作为一种能够合理处理生态环境保护与资源利用关系的行之有效的保护和管理模式在全国范围内迅速推广。对于当地政府而言，更应将区域的可持续发展放到首位，重点考虑环境效益。这是因为国家公园的发展对于改善当地环境质量能起到积极的作用，能够帮助当地解决就业问题，给区域经济发展注入新的活力，为百姓提供一个和谐的生活环境。

7.1.2　设立国家公园专门机构，理顺管理机制

国家公园设立管理处，由国家行政管理部门或其派出机构直接监管。国家公园管理处负责执行国家相关政策法规，落实中央政府层面国家公园管理机构的工作部署，实施具体的保护与开发利用工作。按照“同一保护地保护责任唯一”的要求，实现国家公园内的统一规划、统一建设、统一保护和统一管理。立足我国基本国情，制定保障有力的国家公园标准规范体系。按照因地制宜、可持续发展原则，建立健全国家公园管理制度，指导国家公园各项工作规范、有序推进。

7.1.3　成立国家公园生态经济建设委员会，建立多部门协调机制

国家公园生态经济协调发展涉及农、林、水、矿产业等一系列利益相关部门。建议由省政府协调成立国家公园生态经济建设委员会，全面负责国家公园区域生态经济计划建设的相关工作。委员会下设协调小组，以牵头单位的性质，专门负责生态经济建设的协调工作。委员会实行科学、民主的决策体制，不断完善决策程序的科学化、民主化、规范化；不断完善专家咨询制度和政务公开制度，提高行政行为的透明度，缩减经济性管制职能，扩大政务公开的范围，保障群众的知情权、参与权和决策权。

7.1.4　加大财政支持，构建多渠道资金筹措机制

我国建立国家公园的根本目的是实现对自然资源的有效保护，同时又通过资源的合理利用促进区域经济发展。但是，由于各地地方财力有限，用于国家公园建设管理的经费也有限，我国财政还不足以给国家公园充足的经济保障。因此，构建多渠道的资金筹措机制，对国家公园建设和管理尤为重要。除政府投入外，可采取以下方法：（1）建立

特许经营许可证制度；（2）保障门票收入用于管理和保护；（3）根据国家公园资源有偿使用的原则，对必需的宾馆、饭店、娱乐设施、交通运输等收益性经营单位，征收景观资源保护管理费。

7.1.5　国家公园立法和管理条例应充分考虑社区成本收益

党的十八大以后，农户经济发展模式开始转变，集体林权改革进一步深化，农户的资源和资产权益体现得越来越充分，以往生态保护给周边农户带来的成本收益，特别是成本处于模糊灰色状态，现在逐渐清晰并显性化。另外，城镇化进程加快也从一定程度上缓解了农户对直接资源利用的依赖。然而，国家公园周边农户对资源不仅拥有法律上的权益，还拥有传统的使用权益。对农户来说，资源不仅仅具有经济效益，还具有传承文化、习俗和宗教信仰的作用。以往的研究与保护政策设计往往会忽略生物多样性保护对农户成本收益的内涵。这种内涵不仅表现为与资源利用和限制相挂钩的成本收益，还体现为农户的保护态度和行为等认知价值。社会的发展是一个综合的发展过程，生态保护应该和文化多样性保护并重，在关注保护造成的直接成本收益的同时，也要考虑保护中的其他利益，包括文化传承、宗教信仰等。野生动物破坏农作物作为保护成本感知最重要的因素对农户保护态度有显著影响，因此，国家层面尤其需要完善国家公园相关补偿制度，特别是野生动物肇事补偿制度，包括补偿主体确定办法、补偿标准和办法确定等。

7.2　区域层面

7.2.1　将自然保护工作融入区域社会经济发展规划

“生态建设”和“社会经济发展”是我国社会主义生态文明建设的重中之重。社会经济发展水平越高，保护事业开展所能获得的投入也就越多；保护事业开展得越好，社会经济发展所能得到的生态环境保障也就越强。

国家公园是一个复杂的生态经济复合系统，应当将其纳入所在区域社会经济发展规划中统筹规划，充分发挥国家公园内及周边自然资源的经济功能，协调生态保护带来的长期经济利益目标和国家公园周边社区更为关注的短期经济利益目标，缓解周边社区及区域社会经济发展的矛盾与冲突。具体来说，一方面要使国家公园发展得到社区和当地政府的重视和支持；另一方面则是从区域发展的角度，建立资源利用、社会经济发展、生物多样性保护等多重目标和谐实现的机制。

7.2.2　加强区域协作，挖掘地区特色文化

以大熊猫国家公园为例，大熊猫国家公园涵盖范围广，过去存在各地重视不一、分块治理、资源竞争等问题，造成地方政府之间协作效率不高。熊猫文化是一个走向世界、影响世界的很好载体。在大熊猫国家公园建设过程中，应当建立以大熊猫为核心的文化产业链，通过发展乡村特色文化产业，助力百姓脱贫致富，实现国家公园的遗产保护、文化传承、文化产业发展以及促进就业和文化富民等复合功能。

1. 建设大熊猫文化旅游园区

文化旅游园区是大熊猫文化产业的构建核心，以四川大熊猫主要栖息地——雅安、成都等地为基地，在国家公园范围内，建设大熊猫文化旅游园区。结合各地实际，深入挖掘熊猫文化和地方文化内涵，构建以“生态观光+大熊猫观赏+大熊猫文化体验”为主体的旅游园区发展模式。

大熊猫文化旅游园区的发展可以直接为当地社区居民提供就业机会，包括提供护林员岗位、基础设施建设用工、景区各类服务岗位、农家乐经营、文化产品制作及生产等，可以极大地提高社区居民的参与度，降低他们对自然资源的依赖度，把他们的生产生活与大熊猫国家公园的发展紧密结合起来，提高居民收入，保障居民生活，从而促使社区居民主动保护大熊猫资源，实现政府、社会、社区居民各方共赢。

2. 延伸大熊猫文化产业链

文化创意产业不仅需要文化旅游园区，更需要相关行业深入合作，以形成动态的产业价值链。大熊猫文化创意的产业发展涉及手工艺、动漫、影视、音乐、网游、表演艺术、出版等行业，因此，应将大熊猫文化作为创意核心，把与大熊猫相关的事物作为创意源泉，构筑多行业协同发展态势，以形成完整的大熊猫文化产业链。通过多行业协同发展，延伸大熊猫文化产业链，打造大熊猫文化品牌，提升当地知名度，通过发展文化产业，带动社区发展。

7.2.3　地方政府统筹规划、合理布局，进行产业结构升级优化

发展生态经济，首先要在合理区划的基础上，调整产业结构，更多地发挥科技在生态建设中的作用，实现产业结构的优化和升级，发展适合地方经济的产业。国家公园生态友好型产业的发展和产品品牌增值，需要建立配套的制度体系予以支撑，包括严格的产业准入制度、生产方式的创新、生产过程监管、产品认证、品牌塑造和商业模式创新等，使国家公园的生态价值通过这些配套制度体系附加于产品之中，在保护第一的前提下实现绿色增值（黄宝荣等，2018）。具体包括：

1. 调整产业结构，大力发展生态农业

根据国家公园内的生态环境特点，大力发展生态农业、绿色农业，尽量减少化肥和农药的施用量，把对区域生态环境的破坏程度降到最低，以确保生态环境向良性循环方向发展。

2. 强壮龙头企业，带动种植业和养殖业协同发展

实施产业化经营是推进农业现代化的重要途径，也是加快经济结构调整的必由之路，要以市场为导向，构建“龙头+基地”的经营格局。一方面，通过扶持以农畜产品加工为主的龙头企业，提高生产水平和产品质量；另一方面，龙头企业要通过建立种、养殖基地，带动种植业和养殖业的协调发展，实现农业产业结构的调整，促进龙头企业与生产基地的良性循环。

3. 加大科技投入，推进农业产业化

要加大农业科技投入，加强新技术、新材料的应用，依靠科技优先发展先进、适用的关键技术，合理开发利用、保护农业生态资源，逐步建立与社会主义市场经济相适应的农业产业体系，推进农业产业化，实现农业、生态、经济的良性循环，实现农业资源优化和生产要素的重新组合以及农业的可持续发展。

4. 注重生态技术开发和运用

生态技术以人与自然的协调发展为根本目标，减少生产过程的资源、能源消耗与污染排放，提高资源利用效率，保护生态环境。生态技术是发展生态经济的技术保障

和智力支持。首先，要建立生态技术的研究和开发体系；其次，在科技开发过程中要有成本—收益比较的意识，坚持以最小的成本获取最大收益的原则；最后，要完善科技推广体系。

7.2.4 建立长效利益关联机制，解决保护与发展矛盾

自然保护事业的发展涉及的关系错综复杂，如资源利用活动直接影响国家公园周边社区。对利益关系的协调可以归结为经济效益、生态效益和社会效益三者的统筹上，具体表现在“保护与发展”的矛盾和冲突的解决上。应多层次、多角度地调整保护与利用的关系，明确利益相关方责任和义务，秉承可持续发展原则，切实做到“不但要保护好生物多样性为未来社会经济发展提供完整的生命支持系统和良好的生态环境，也要使生物多样性资源能满足当代人的发展需要”。

“长效利益关联机制”主要架构于市场机制、资源有偿利用机制、国家公园经济外部性补偿机制、保护损害利益补偿机制等多项支撑机制，也就是要把国家公园的建立、管理、发展和保护补偿等利益相关方融入自然保护工作中。为与当地政府建立和谐关系，国家公园管理机构应多途径、多层面加强与当地政府的合作，如与社区村委会组建共管委员会。

7.3 社区层面

7.3.1 提高社区居民对国家公园的认同感，增强社区参与

国家公园区域范围内所有社区居民包括所有生活在国家公园区域范围内的社区，以及与国家公园有关的居民个体或者组织群体。社区与当地自然和历史文化资源的关系是最为密切的，社区居民对当地的自然文化资源最为了解，同时也深刻影响着当地生态环境和资源变迁。可以说，如果没有当地社区居民的支持与配合，国家公园建设便举步维艰，难以形成良性发展。目前，相对于政府和企业来说，社区居民的利益往往被各方忽略，社区居民的切身权益往往得不到合理的保障。为了使国家公园得到可持续发展，就必须对社区居民进行新的定位，必须对其合理权益加以保障，将社区居民纳入国家公园建设管理的决策、管理、利益分配体系中来。了解当地社区自然资源使用情况、自然资

源使用中的冲突和矛盾以及当地社区经济发展的机会和潜力，采取多种形式帮助当地社区解决问题，促进其发展，使社区从单纯的生物多样性保护的受害者变成生物多样性保护的共同利益者，提高其保护和参与积极性。注重采取经济激励方法，如向社区直接投资、开展技术培训、帮助社区制订发展计划等，促进当地社区对生物多样性保护的参与，综合平衡当地社区各种关系，加快社区自我发展，减轻其对生态环境的压力，并使其对生物多样性保护予以支持和帮助。

社区参与机制的建立，首先在保护的基础上，依保护分区管理要求，适当放宽对资源利用的限制，促进生物多样性资源合理利用，实现保护地区的可持续发展，形成可持续性更强、资源利用效率更高的发展模式。此外，社区参与机制的建立还在于通过政策促进自然生态保护和其他自然资源利用形式的转变，使林业发展政策与保护政策更好地结合起来。例如，利用自然景观资源开展生态旅游和特色种、养殖业，加强社区居民经济活动与生物多样性保护的相关性，促进农民增收，真正建立起互利式社区参与保护的机制。

7.3.2　建立社区居民生存和发展诉求的回馈机制

位于国家公园范围内的社区居民也有着自己的生存和发展诉求。在社会经济发展水平相对较低的时期，生存是社区群众的第一诉求。随着外来商业意识的冲击，社区群众对于发展的诉求空前高涨。在主观和客观条件的制约下，社区群众无法选择更具经济效率的生产活动，如手工业等，难免会求诸投入少或无须投入的自然资源利用，这是导致自然资源依赖程度居高不下的主要原因。生存及发展的诉求是自然保护目标的威胁所在，然而这种诉求也是合理的。在当前地方社会经济发展水平总体偏低的情况下，一味顾及未来的发展，则违背了可持续发展的内涵。自然保护着眼于自然资源的长期可持续利用以及社会经济的可持续发展。社区群众的生存和发展诉求一方面对自然保护构成了威胁，而另一方面具有保护意识、理解保护重要性的群众也积极地参与了自然保护工作。当地政府在社区经济水平的提高中无疑起到了主导作用，而对保护地来说，在保护资源不受损的前提下，可以利用保护地内的生态景观资源和自然资源来推动社区经济的发展。此外，还可以在巡护、监测等保护管理工作中尽可能地为社区群众提供工作机会，从而建立社区群众参与保护工作并获得相应收益的回馈机制。

7.3.3　发展向地方社区获益倾斜的特许经营管理制度

特许经营包括商业特许经营和政府特许经营。特许经营者是美国国家公园中商业服务设施的经营主体，受到地区和联邦国家公园管理机构的业态监管，需要缴纳一定的费用来获得特许经营资质。国家公园属于公共产品，其特许经营制度必须强调公益性和社会服务最优化的制度原则，不能以企业或个人过度盈利为目的。特许人为政府，被特许人可以是私营企业等企业或个人。对经营内容、范围、时间等要有明确规定，如为了利于国家公园的可持续发展，经营权转让期限不宜过长。目前，我国一些保护地的"特许经营"具有垄断性、整体性和信息不透明等制度问题，其后果是地方政府支付了高额的社会成本，而企业获得了高额的回报，社区利益却得不到应有的补偿。特许经营不论是在许可还是资金回馈上都应适当地向社区居民倾斜，以保证失地居民、生计因生态保护而受影响较大的居民生计转型成功，这也是缓和社区矛盾、预防社区冲突的有效方式之一（高燕等，2017）。当前，三江源国家公园在充分尊重牧民意愿的基础上，通过发展生态畜牧业合作社，尝试将草场承包经营逐步转向特许经营，提高产品的生态附加值（黄宝荣等，2018）。

7.3.4 构建国家公园内社区生态农业发展模式

国家公园内及周边社区的农业发展必然要走可持续的道路，包括减少农药、化肥施用量等，同时传统的、对自然资源消耗大的资源利用形式，包括薪柴使用、放牧、挖药、采石等活动都会受到严格的限制，在此过程中，生态农业的发展模式必须要加以推广。目前已有的自然保护区周边的生态农业模式能提供可以推广和借鉴的经验，如老河沟自然保护区通过构建"公司+农户+自然保护区"的模式，引进公司来解决农户生态产品的销售问题，农户可以将养蜂及绿色种、养殖等生产产品直接出售给公司，获得可持续收益。

7.3.5 增加社区在国家公园建设中的就业机会，构建生态补偿机制

保护工作的参与可以促进当地社区居民对生物多样性保护的认知，促进其对有关法律政策和生态环境意识的了解，加强自然保护地和周边社区的联系。一方面，从短期来看，国家公园的基础设施建设投入会创造大量的就业机会，在考虑就业机会提供时需要优先考虑被纳入国家公园的社区家庭；另一方面，从长期来看，建立国家公园后，大量集体林地资源和野生动植物资源需要管理与保护，由于国家公园面积巨大，而管理人员有限，因而可以提供大量的护林员或生态保护协管员等岗位。

优先通过转包、出租、互换、入股等方式流转集体土地和自然资源的部分权益，通

过“征收”获得集体土地和自然资源的所有权和使用权。应在生态公益林等国家和地方相关补偿政策基础上，综合考虑地方生活标准，科学制定补偿标准。采用分区分类差异化补偿，依据集体土地的类型、不同处置方式和保护分区制定差异化补偿标准。例如，普达措试点区通过定向援助、产业转移、社区共管、优先就业等方式将原住居民纳入国家公园的整体规划；同时，根据每 5 年签订一次的国家公园社区利益补偿合同，从旅游收入中拿出一部分资金，专门用于园内社区的直接经济补偿（黄宝荣等，2018）。

在货币补偿的基础上，通过非货币补偿来实现国家公园周边社区的可持续生计，包括：（1）提供免费就业培训和就业机会；（2）国家公园的保护管理项目、访客服务项目和特许经营项目应优先解决失地居民就业；（3）为社区提供创业辅导、生态友好产品等技术支持，扶持社区发展；（4）通过加大基础设施建设，协助社区完善环卫、道路等基础设施建设。

7.3.6　建立多方利益群体参与机制，实现社区生计可持续

当前多方利益群体参与在我国自然保护地建设中已有尝试，取得了丰富的经验，显著提升了周边社区生计水平和社区参与保护的热情。例如，在大熊猫国家公园范围内的关坝自然保护小区，阿里巴巴、蚂蚁金服参与该保护小区的建设，助力社区脱贫。通过蚂蚁森林升级，未来网友在蚂蚁森林上，不但可以通过认领保护地或经济林的形式支持野外巡护等生态保护行为，还能通过购买当地的农产品帮助农户实现增收。这些组织还与四川平武县签约，一起打造生态脱贫实验田，帮助农户在保护和生态产业发展中可持续获益。在鼓励公司参与的基础上，构建公益组织的有效参与机制，发挥公益组织在扶持社区发展过程中的作用。当前多方利益群体参与自然保护、扶持社区发展虽然已有相关尝试，对社区生计提升有明显的促进作用，但是当前公司以及社会公益组织、非政府机构等在自然保护地参与上还存在明显不足，尤其是在扶持社区发展方面，涉及面窄，可复制性低，可持续性、保障性差等现实问题也制约着这种模式的成效影响范围。未来政府以及国家公园管理机构需要鼓励利益群体参与自然保护地建设，通过多方利益群体参与实现社区生计可持续。

7.3.7　在保护过程中重视社区工作，积极探索推进社区共管工作

保护地周边社区在保护过程中扮演着至关重要的角色，虽然自然保护地已经意识到社区支持与参与在生物多样性保护中的重要性，开展了不少社区共管项目并成立了宣教

科等机构，但是现有大多数自然保护地开展社区共管仍然处于起步阶段，大多依托国际项目等形式展开，效果并不理想，保护地并没有专门用于社区工作的稳定资金和人员力量。因此，从中央和保护地层面应该重视社区工作，设置专门的社区共管资金项目，加大周边社区扶持力度和生物多样性保护宣传力度。此外，保护地在日常保护工作开展过程中，应充分考虑周边社区的需求，主动走到社区中与农户交流，倾听农户在保护过程中的心声，了解农户最迫切的需要。

7.3.8 通过多种形式增加周边社区保护收益，提高农户保护积极性

现阶段，很多自然保护地都开展了生态旅游，生态旅游是周边社区农户脱贫致富的重要渠道，但由于生态旅游自身的特殊性，农户在旅游开发过程中参与并不充分，因此政府和保护地在生态旅游开发设计过程中要充分考虑社区生计，提高社区农户参与旅游发展的能力。通过开展旅游，为社区带来更多的经济效益和生态效益，改善当地基础设施建设，提高社区农户收入。尽量为社区带来就业机会，如聘请护林员、向导等，增加社区农户的非农收入。在多种形式保障社区农户保护收益的基础上，提高农户主动参与保护的积极性，促进保护与发展的协调和可持续。

参考文献

[1] 鲍达明，谢屹，温亚利. 2007. 构建中国湿地生态效益补偿制度的思考[J]. 湿地科学，5（2）：128-132.

[2] 北京市人大常委会门户网站. 2017. 北京长城国家公园体制试点区[EB/OL]. http：//www.bjrd.gov.cn/rdzl/rdzs/mcjs/201703/t20170321_172131.html[2017-01-15].

[3] 财政部. 2016. 央地财政事权和支出责任改革分领域逐步推进[EB/OL]. http：//www.xinhuanet.com/fortune/2016-08/25/c_129255172.htm[2016-08-25].

[4] 陈健，张兵. 2012. 世界国家公园体系对中国国家公园建设的启示[J]. 商场现代化，(30)：186-189.

[5] 陈丽荣，温亚利，周跃华. 1997. 浅谈生物多样性保护与社区发展[J]. 北京林业大学学报，19（S3）：60-64.

[6] 邓维杰. 1999. 权属——保护区实施参与式管理的钥匙[J]. 林业与社会，（1）：8-10.

[7] 邓毅，毛焱，蒋昕，等. 2015. 中国国家公园体制试点：一个总体框架[J]. 风景园林，（11）：85-89.

[8] 段伟，赵正，刘梦婕，等. 2016. 保护区周边农户自然资源依赖度研究[J]. 农业技术经济，（3）：93-102.

[9] 段伟. 2016. 保护区生物多样性保护与农户生计协调发展研究[D]. 北京：北京林业大学.

[10] 发改委. 2016. 2015 建立国家公园体制试点方案[EB/OL]. https：//wenku.baidu.com/view/fa67a6a633687e21ae45a90c.html[2016-06-27].

[11] 高燕，邓毅，张浩，等. 2017. 境外国家公园社区管理冲突：表现、溯源及启示[J]. 旅游学刊，32（1）：111-122.

[12] 巩岩. 2016. 南四湖流域人工湿地运营管理机制研究[D]. 济南：山东大学.

[13] 国家发展和改革委员会. 2015. 国家发展改革委、美国保尔森基金会签署《关于中国国家公园体制建设合作的框架协议》[EB/OL]. http：//www.ndrc.gov.cn/xwzx/xwfb/201506/t20150608_695465.html[2015-06-08].

[14] 国家林业局野生动植物保护司. 2002. 自然保护区社区共管指南[M]. 北京：中国林业出版社.

[15] 国务院. 2016. 国务院关于推进中央与地方财政事权和支出责任划分改革的指导意见[EB/OL]. http：//www.gov.cn/zhengce/content/2016-08/24/content_5101963.html[2016-08-16].

[16] 何艺玲. 2002. 如何发展社区生态旅游？——泰国 Huay Hee 村社区生态旅游（CBET）的经验[J]. 旅游学刊，（6）：57-60.

[17] 侯豫顺，魏国. 2002. 保护区管理存在的问题与根源[J]. 北京林业大学学报（社会科学版），（4）：42-47.

[18] 胡志毅，张兆干. 2002. 社区参与和旅游业可持续发展[J]. 人文地理，（2）：38-41.

[19] 湖南日报. 2016. 以建设国家公园为突破口 推进绿色发展[EB/OL]. http：//hnrb.voc.com.cn/article/201609/201609200750429209.html[2016-9-20].

[20] 湖南省人民政府. 2017. 湖南省召开《湖南南山国家公园管理条例》立法工作推进会[EB/OL]. http：//www.hnsfzb.gov.cn/zffzdt/201704/t20170424_4145433.html[2017-04-24].

[21] 黄宝荣，苏利阳，张丛林，等. 2018. 我国国家公园体制试点的进展、问题与对策建议[J]. 中国科学院院刊，33（1）：76-85.

[22] 江西省社科院课题组. 2008. 鄱阳湖生态经济区建设——欠发达地区经济生态化与生态经济化模式的探索[J]. 江西社会科学，（8）：14-21.

[23] 乐君杰，叶晗. 2012. 农民信仰宗教是价值需求还是工具需求？——基于 CHIPs 数据的实证检验[J]. 管理世界，（11）：67-76.

[24] 雷加雨. 2009. 社区共管下保护区发展战略探讨[J]. 林业经济，（6）：65-70.

[25] 李俊生，朱彦鹏. 2015. 国家公园资金保障机制探讨[J]. 环境保护，43（14）：38-40.

[26] 李小云，左停，靳乐山. 2006. 共管：从冲突走向合作[M]. 北京：社会科学文献出版社.

[27] 李志萌. 2010. 推进鄱阳湖生态经济区五大体系建设[N]. 江西日报，2010-02-01（B03）.

[28] 李柏青，吴楚材，吴章文. 2009. 中国森林公园的发展方向[J]. 生态学报，29（5）：2749-2756.

[29] 梁启慧，何少文. 2006. 商业机制介入社区共管项目的初步探索——佛坪自然保护区及周边社区基于保护的可持续养蜂[J]. 陕西师范大学学报（自然科学版），（S1）：228-232.

[30] 林莎. 2004. 科学发展观与可持续发展[J]. 长白学刊，（3）：10-13.

[31] 刘冲. 2016. 城步国家公园体制试点区运行机制研究[D]. 长沙：中南林业科技大学.

[32] 刘绍泉. 2004. BOT 模式在我国应用实践与对策研究[D]. 成都：四川大学.

[33] 刘纬华. 2000. 关于社区参与旅游发展的若干理论思考[J]. 旅游学刊，（1）：47-52.

[34] 罗亚文，魏民. 2016. 生态文明体制改革总体方案对国家公园体制构建的启示[J]. 风景园林，（12）：

90-94.

[35] 吕小娟. 2011. 国家公园建设管理中的利益协调机制研究[D]. 重庆：重庆师范大学.

[36] 马奔，冯骥，陈俐静，等. 2017. 农户对保护区满意度与保护态度分析——基于中国 7 省保护区周边农户调查[J]. 生态经济，33（1）：146-151.

[37] 马奔，申津羽，丁慧敏，等. 2016. 基于保护感知视角的保护区农户保护态度与行为研究[J]. 资源科学，38（11）：2137-2146.

[38] 马奔，温亚利. 2016. 生态旅游对农户家庭收入影响研究——基于倾向得分匹配法的实证分析[J]. 中国人口 • 资源与环境，26（10）：152-160.

[39] 潘景璐. 2008. 我国自然保护区土地权属问题和对策研究[J]. 国家林业局管理干部学院学报，7（4）：33-36.

[40] 澎湃新闻网. 2017. 祁连山国家公园体制试点方案获中央通过，距提出构想不到半年[EB/OL]. http：//www.thepaper.cn/newsDetail_forward_1718579[2017-06-27].

[41] 人民网. 2009. 我国的法律体系符合国情——人大代表谈形成并完善中国特色社会主义法律体系[EB/OL]. http：//politics.people.com.cn/GB/1026/8961396.html[2009-03-14].

[42] 人民网. 2016. 获国家发改委正式批复 钱江源国家公园体制试点启动[EB/OL]. http：//zj.people.com.cn/n2/2016/0715/c186806-28670724.html[2016-07-15].

[43] 人民网. 2017. 四川省成立大熊猫国家公园管理机构筹备委员会[EB/OL]. http：//sc.people.com.cn/n2/2017/0810/c379470-30591151.html[2017-08-10].

[44] 人民网，人民日报. 2015. 坚持协调发展——“五大发展理念”解读之二[EB/OL]. http：//opinion.people.com.cn/n1/2015/1221/c1003-27952812.html[2015-12-21].

[45] 斯萍，谢屹，王昌海，等. 2015. 我国自然保护区集体林生态补偿机制研究[J]. 林业经济，37（9）：101-104，110.

[46] 搜狐网. 2017. 我国将组建统一的国家公园管理机构 改革涉 13 个部门[EB/OL]. http：//www. sohu.com/a/195085486_115124[2017-09-28].

[47] 隋鹏飞. 2015. 美国区域协调管理方法及借鉴[J]. 山东工商学院学报，29（4）：5-11.

[48] 唐芳林. 2010. 中国国家公园建设的理论与实践研究[D]. 南京：南京林业大学.

[49] 唐小平，栾晓峰. 2017. 构建以国家公园为主体的自然保护地体系[J]. 林业资源管理，（6）：1-8.

[50] 陶长江，程道品. 2010. 四川大熊猫文化创意产业构建初探[J]. 阿坝师范高等专科学校学报，27（3）：56-59，94.

[51] 汪德根，Alan A. Lew. 2015. 国家公园"门票经济"的公益性回归与管理体制改革[J]. 旅游学刊，30（5）：11-13.

[52] 王昌海. 2016. 国家公园体制建设的几个关键点[J]. 中国发展观察，（10）：27-29.

[53] 王建新，董树文，张哲邻，等. 2006. 社区联合参与式保护：一种新型集体林共管模式[J]. 陕西师范大学学报（自然科学版），（S1）：233-237.

[54] 王蕾，苏杨. 2015. 中国国家公园体制试点政策解读[J]. 风景园林，（11）：78-84.

[55] 王梦，黄金玲. 2015. 我国建立国家公园体系的问题与路径初探[J]. 广东园林，37（4）：41-45.

[56] 温兴祥，杜在超. 2015. 匹配法综述：方法与应用[J]. 统计研究，32（4）：104-112.

[57] 温亚利. 2003. 中国生物多样性保护政策的经济分析[D]. 北京：北京林业大学.

[58] 闻速. 2006. 秦岭自然保护区群周边社区可持续发展的条件及对策[J]. 甘肃农业，（5）：50.

[59] 吴静. 2015. 秦岭生态旅游成本和效益研究[D]. 北京：北京林业大学.

[60] 肖练练，钟林生，周睿，等. 2017. 近30年来国外国家公园研究进展与启示[J]. 地理科学进展，36（2）：244-255.

[61] 谢屹，李伟，温亚利，等. 2007. 构建我国自然保护区区域共管体系的思考——以太白山自然保护区为例[J]. 林业科学，（6）：111-116.

[62] 新华社. 2014. 寻找中国国家公园：2015 年或推出试点[EB/OL]. http：//finance.sina. com.cn/china/20141215/103421077678.shtml[2014-12-15].

[63] 新华社. 2017. 老河沟的变化：保护大熊猫的生态扶贫试验[EB/OL]. http：//xinhua-rss. zhongguowangshi.com/13694/-5817597191244649334/2029043.html[2017-07-07].

[64] 新华网. 2015. 建立国家公园体制的探讨与思考[EB/OL]. http：//www.xinhuanet. com/politics/2015-01/27/c_127427240.htm[2015-01-27].

[65] 新华网. 2015. 我国选 9 省市开展国家公园体制试点 黑龙江入选[EB/OL]. http：//hlj.sina.com.cn/news/gnzh/2015-06-09/detail-icrvvpzq2138245.shtml[2015-06-29].

[66] 新华网. 2016. 吉林省将牵头建全国首个虎豹国家公园[EB/OL]. http：//www.jl.xinhuanet. com/2012jlpd/2016-05/18/c_1118885804.htm？from=singlemessage[2016-05-18].

[67] 新华网. 2016. 习近平主持召开中央全面深化改革领导小组第三十次会议[EB/OL]. http：//www.xinhuanet.com/fortune/2016-12/05/c_1120058658.htm[2016-12-05].

[68] 杨莉菲，郝春旭，温亚利，等. 2010. 自然保护区社区共管的发展问题研究——以云南自然保护区为例[J]. 林业经济问题，30（2）：151-155.

[69] 余俊，解小冬. 2011. 从美国国家公园制度看我国自然保护区立法目的定位[J]. 生态经济（中文

版），（3）：172-175.

[70] 詹明萍. 2006. 高黎贡山自然保护区与周边社区的冲突及其对策[J]. 林业调查规划，（4）：68-71.

[71] 张嫚. 2001. 经济发展与环境保护的共生策略[J]. 财经问题研究，（5）：74-80.

[72] 张佩芳，王玉朝，曾健. 2010. 自然保护区社区共管模式的可持续性研究[J]. 云南民族大学学报（哲学社会科学版），27（1）：42-45.

[73] 张跃明，张哲邻，丁海华，等. 2006. 绿色农业在朱鹮栖息地保护中的应用[J]. 陕西师范大学学报（自然科学版），（S1）：222-227.

[74] 浙江省人民政府. 2017. 《钱江源国家公园条例（草案）》立法调研座谈会在开化县召开[EB/OL]. http：//www.zjfzb.gov.cn/n134/n138/c143468/content.html[2017-08-18].

[75] 中国国土资源报. 2015. 国家公园应纳入自然资源资产统一管理[EB/OL]. http：//www.gtzyb.com/lilunyanjiu/20151211_91481.shtml[2015-12-11].

[76] 中国网. 2016. 神农架国家公园体制试点正式实施[EB/OL]. http：//www.china.com.cn/guoqing/2016-06/16/content_38678572.htm[2016-06-16].

[77] 中国新闻网. 2016. 属于中央的财政事权 应由中央财政安排经费[EB/OL]. http：//www.dzwww.com/xinwen/guoneixinwen/201608/t20160824_14821872.htm[2016-08-24].

[78] 中国政府网. 2016. 国务院关于推进中央与地方财政事权和支出责任划分改革的指导意见[EB/OL]. http：//www.gov.cn/gongbao/content/2016/content_5109314.htm[2016-08-16].

[79] 钟林生，邓羽，陈田，等. 2016. 新地域空间——国家公园体制构建方案讨论[J]. 中国科学院院刊，31（1）：126-133.

[80] 周灵国. 2002. 对武夷山自然保护区考察及思考[J]. 陕西环境，（4）：38-40.

[81] 张昊楠，秦卫华，周大庆，等. 2016. 中国自然保护区生态旅游活动现状[J]. 生态与农村环境学报，32（1）：24-29.

[82] 张玉钧. 2014. 日本的自然公园体系[J]. 森林与人类，（5）：124.

[83] Allendorf T D. 2007. Residents' Attitudes toward Three Protected Areas in Southwestern Nepal[J]. Biodiversity and Conservation，16：2087-2102.

[84] Davis T，Croteau T A，Marston C H. 2004. America's National Park Roads and Parkways：Drawings from the Historic American Engineering Record[J]. Civil Engineering，（3）：250.

[85] Dearden Philip，Rick Rollins，Mark Needham. 1993. Parks and Protected Areas in Canada：Planning and Management[M]. Toronto：Oxford University Press.

[86] Rosenbaum P R，Rubin D B. 1983. The Central Role of the Propensity Score in Observational Studies for Causal Effects[J]. Biometrika，70（1）：41-55.

[87] Runte A. 1979. National Parks-the American Experience[J]. Geographical Review，85（4）.

[88] Shafer C L. 2014. From Non-static Vignettes to Unprecedented Change：The U.S. National Park System，Climate Impacts and Animal Dispersal[J]. Environmental Science & Policy，40：26-35.

声　明